口罩应用
与健康防护

中国疾病预防控制中心环境与健康相关产品安全所　组织编写

王　林　潘力军　主　编

人民卫生出版社
·北京·

图书在版编目（CIP）数据

口罩应用与健康防护 / 中国疾病预防控制中心环境与健康相关产品安全所组织编写 . — 北京：人民卫生出版社，2021.6

（环境与健康系列）

ISBN 978-7-117-31741-2

Ⅰ.①口… Ⅱ.①中… Ⅲ.①口罩 – 基本知识 Ⅳ.①TS941.724

中国版本图书馆 CIP 数据核字（2021）第 106796 号

人卫智网	www.ipmph.com	医学教育、学术、考试、健康，
		购书智慧智能综合服务平台
人卫官网	www.pmph.com	人卫官方资讯发布平台

环境与健康系列

口罩应用与健康防护

Huanjing yu Jiankang Xilie

Kouzhao Yingyong yu Jiankang Fanghu

组织编写：中国疾病预防控制中心环境与健康相关产品安全所
出版发行：人民卫生出版社（中继线 010-59780011）
地　　址：北京市朝阳区潘家园南里 19 号
邮　　编：100021
E - mail：pmph @ pmph.com
购书热线：010-59787592　010-59787584　010-65264830
印　　刷：三河市潮河印业有限公司
经　　销：新华书店
开　　本：889×1194　1/32　**印张**：3.5
字　　数：64 千字
版　　次：2021 年 6 月第 1 版
印　　次：2021 年 9 月第 1 次印刷
标准书号：ISBN 978-7-117-31741-2
定　　价：25.00 元

打击盗版举报电话：010-59787491　E-mail：WQ @ pmph.com
质量问题联系电话：010-59787234　E-mail：zhiliang @ pmph.com

《环境与健康系列——口罩应用与健康防护》

编写委员会

主　编

　　王　林　潘力军

副主编

　　王　姣　赵　欣

编　委（按姓氏笔画排序）

王　林	中国疾病预防控制中心环境与健康相关产品安全所
王　姣	中国疾病预防控制中心环境与健康相关产品安全所
叶　丹	中国疾病预防控制中心环境与健康相关产品安全所
刘迎春	中国疾病预防控制中心环境与健康相关产品安全所
刘思然	中国疾病预防控制中心环境与健康相关产品安全所
闫　旭	中国疾病预防控制中心环境与健康相关产品安全所
孙　波	中国疾病预防控制中心环境与健康相关产品安全所
李丹丹	青岛市疾病预防控制中心环境卫生科
李竟榕	中国疾病预防控制中心环境与健康相关产品安全所
杨文静	中国疾病预防控制中心环境与健康相关产品安全所
杨玉燕	中国疾病预防控制中心环境与健康相关产品安全所

应　宁　中国煤矿文工团说唱团

张　蕾　北京曲艺团艺术生产部

张宇晶　中国疾病预防控制中心环境与健康相关产品安全所

陈　钰　中国疾病预防控制中心学术出版处

赵　欣　中国疾病预防控制中心环境与健康相关产品安全所

夏楚瑜　北京师范大学环境学院

鲁　波　中国疾病预防控制中心环境与健康相关产品安全所

廖　岩　中国疾病预防控制中心环境与健康相关产品安全所

潘力军　中国疾病预防控制中心环境与健康相关产品安全所

前言

　　口罩不仅可以防止病人喷射飞沫,降低飞沫量和喷射速度,还可以阻挡含病毒的飞沫核或气溶胶,防止佩戴者吸入,是保护人群健康最有效的物理屏障之一。同时,口罩对进入肺部的空气也有一定的过滤效果,在呼吸道传染病流行期间,在粉尘等污染的环境中作业时,佩戴口罩起到了积极的防护作用。一场新型冠状病毒肺炎(以下简称新冠肺炎)疫情,让口罩成为了最重要的防护物品。

　　只佩戴口罩能不能防止您感染新型冠状肺炎病毒(以下简称新冠病毒)呢? 不能。那这能不能成为您不戴口罩的理由呢? 更不能。口罩不能保证您不被感染,却可以降低公众被感染的风险。作为一种简单方便的防护措施,佩戴口罩历年来在对抗疫病的过程中逐渐得到了普及。随着我国公共卫生制度的日益完善,口罩被运用到越来越多的生活场景中。疫情来势汹汹,只有做好科学合理的个人防护,才能最大限度地不受感染,"罩"顾我们的健康,共同抵抗病毒的侵袭。在此背景下,中国疾病预防控制中心环境与健康相关产品安全所组织编写了集趣味性、科学性、针对性、有效性和可操作性于一身的《口罩应用与健康防护》一书,旨在提高公众健康防护素养水平,加强个人防护意识,为助力新冠肺炎疫情防控提供参考和指导。

本书深入浅出地介绍了口罩的起源、东西方对口罩的认知,系统讲解了口罩的类型、标准、应用等。本书回答了在口罩资源供应有限的情况下,如何指导公众科学选择和使用口罩,在做好防护前提下,合理减少过度防护的问题。通过阅读本书,公众不仅能够掌握与口罩有关的知识,还能够进一步认识到科学佩戴口罩对新冠肺炎、流感等呼吸道传染病具有良好的预防作用,既保护自己,又有益于他人健康。本书的出版将引导公众科学佩戴口罩,有效防控呼吸系统传染病,保护公众健康。我们在"罩"顾好自己的同时,也"罩"顾好他人。

由于编写时间仓促,书中内容难免有不当和错误之处,敬请批评指正。

编者

2021 年 5 月

前传

　　我,是口罩。我说的不是我的名字或者我的外号。我确实就是一个口罩,而且还是最时髦的带香味的口罩。你们肯定会惊讶,这不是一本科普书吗? 对,这确实是一本科普书,不过故事还得从一次采访讲起。

　　眼前这个木讷、呆板又腼腆的一次性口罩从坐下开始,除了摇头就只会说一句话:"我是口罩。"

　　"我当然知道你是口罩,可不可以说点儿别的?"

　　口罩思考了几秒:"我是口罩。"

　　"聊点儿你比较熟悉的内容,比如跟病毒、细菌有关的?"

　　他沉默了一下,摇了摇头。

　　"那聊聊你的家人? 你总有家人吧,他们都是谁?"

　　这次他点了点头,开始说道:"我家除了我还有爷爷,再有就是我的兄弟姐妹",他顿了一下,"他们都是口罩。"

　　"谢谢你补充的这句,不然我还以为是你的第二人格在跟我说话。"

"你爸爸呢?"

"2003 年抗击'非典'的时候他去了一线,现在已经不在了。"

"可惜了。"我心里默默地感慨着。

"你家只有你爸爸去了?"

"除了爷爷,其他大人都去了。"

"你爷爷怎么没去?"

"他是棉布口罩,是早年间单位发给工人保暖用的,不能防止病毒传播。"

"你有多少兄弟姐妹?"

"你是问活着的吗? 嗯……我也不太清楚。"

我的表情微微有些扭曲,他仿佛明白我的想法,不好意思地笑了一下。

"我的兄弟姐妹太多了。特殊时期需要我们的地方很多,必须大量增援,而且和你们不一样,我们的寿命都很短。因为我们是一次性消耗品,从投入使用开始,寿命基本就只有一天,有时候只有几个小时,在特殊时期消耗量是非常巨大的,所以我们需要大量的后备人员。"

"这奉献也太大了吧!"

"这是我们的使命。"他面带笑容轻松地说道,"从我出生那天起爷爷就跟我说,这个世界没有看起来那么安全,因为有许多像我们一样的存在,才把危险隔离了起来。"

　　原来，从来没有什么岁月静好，只是有人替你负重前行。

　　"这个……会觉得不公平吗？"

　　口罩看着我，平静地说："口罩的使命就是守护家人。"

　　"可你们并没有守护住自己的家人啊？"

　　"但我们守护了人类的家人。"口罩坚定地回答道。

　　这一刻，他仿佛成了另外一个人，不再是那个呆板、木讷又腼腆的口罩，我愣住了。

　　口罩看着我缓缓说道："我爷爷说，没有人不怕死，但如果必须要有人牺牲，我们绝不退缩。在今天来之前，爷爷也对我说了同样的话，今天我该动身赶往一线……"口罩说着挠了挠头，腼腆地笑了一下，"我这个人不太会说话，不过我带了家谱"，他边说着边从口袋里拿出了一个笔记本，"里面可能有你感兴趣的东西，时间快到了，我该走了。"口罩把笔记本放在桌上，站起来转身就要走。

我忽然有些不安,心里一阵发慌:"呃,咱们可以再聊一会儿,或者,一块儿吃个饭?"

口罩看着我,微笑地摇了摇头:"我是口罩。"说完转身走了出去。

我望着他走的方向愣了一会儿,拿起他留下的笔记本,翻开第一页,有一行醒目的字——

"口罩的前世今生"。

目录

第一章 口罩的前世今生

第一节 口罩的起源

一、口罩的定义

口罩是一种卫生用品,一般戴在口鼻部位用于过滤进入口鼻的空气,起到阻挡有害气体、气味、飞沫、细菌病毒等物质的作用。

二、口罩的起源

历史记载最早的类似口罩的物品出现在公元前 6 世纪,古人在进行宗教仪式时,用布包住脸,因为他们认为世人的气息是不洁的。

世界上最先使用口罩的国家就是中国。早在 13 世纪初,口罩出现在中国宫廷。当时的人们认为,用手或用衣袖遮住鼻子很不卫生,也不方便做其他事情,于是就用一块绢帕蒙住口鼻,这就是最原始的口罩。马可·波罗在《马可·波罗游记》一书中讲述了他在中国十七年中的生活见闻,其中就有一条记载:"在元朝宫殿里,献食的人,皆用绢布蒙口鼻,俾其气息,不触饮食之物。"说的是宫廷里的人为了防止粉尘和口气污染食物而开始使用一种蚕丝与黄金线织成的丝巾遮盖住口鼻。《礼疏》中也有记载:"掩口,恐气触人。"《孟子·离娄》中提到:"西子蒙不洁,则人皆掩鼻而过之。"以上这些都是人们发现口鼻飞沫对人体有影响而做出的最简单的预防措施,这些措施为口罩的诞生奠定了基础。

19 世纪末,口罩开始应用于医护领域。1897 年,德国微生物科学家凯尔·弗洛格和他的学生们共同验证了呼吸道飞沫的危害性,并且在培养皿中证实了高声说话、咳嗽、打喷嚏等行为都会造成细菌的传播。德国病理学专家莱德奇,在德国汉堡开设了一家私人诊所。他认为感染是手术时医生护士的呼吸和说话所造成的。于是,他建议医生和护士在做手术时,应戴上用纱布制作的能将口鼻蒙住的罩具,果然病人的伤口感染率大大下降,之后口罩就在欧洲医学界逐渐流行推广开来,这提高了人们对口罩作用的认识。不过,那时的口罩只是用几层(或 1 层)纱布,来回地把鼻子、嘴巴、胡子缠起来,虽然简单却很不舒服。莱德奇让人把纱布剪成长方形,在两层纱布之间架起一个框形的支架,再做一根带子系在后脑勺上。于是,便有了现代口罩最初的形状。

1897 年,英国一位外科医生在纱布内装一个细铁丝做支架,使纱布与口鼻间留有间隙,克服了呼吸不畅的弱点。

1899 年,法国医生保罗·伯蒂缝制了一种 6 层纱布(多层纱布)的口罩,缝合在手术服的衣领上,用时将衣领翻上,后来口罩改成可以自由系结的,用一个环形带子挂在耳朵上。此时,接近现代医学的口罩终于出现了。19 世纪,法国科学家巴斯德创立了近代细菌(微生物)学说,使人们对口罩有了耳目一新的看法。南丁格尔曾说过:空气像水一样,也是会被弄脏的。如果戴上口罩就有可能把细菌阻挡在纱布层的外边,不许这些坏东西溜进来害人。

20 世纪初,口罩首次成为大众生活的必备品。1910 年,我国哈尔滨暴发鼠疫,时任北洋陆军医学院副监督的伍连德医生发明了"伍氏口罩"。因为口罩的推动和普及,肆虐一时的肺鼠疫得到了控制。当时使用的口罩,是用成卷的 0.9144m(3ft)外科手术用的、宽度适中的洁白纱布制作而成。纱布两边各剪两刀,分成各长 0.3048m(1ft)的 3 条绑带,保留中间部分不再剪切,折叠成面积为 15.24cm×10.16cm(6in×4in)大小,再裹住消毒药棉。戴用时,上边的两条绑带分别绕过耳朵上面,系于脑后;中间的两条绑带分别绕过耳朵下面,系于脑后;最下面的两条绑带向上绕,系于头顶(后来的口罩的形式只有两对绑带,都是系于脑后)。这种简易的口罩质地较软,可以调整戴在脸上的位置,与面部和脖子紧紧贴合。在病房值班时,戴 1 个小时甚至更长时间,也没有不适的感觉。在 1910—1911

年疫情猖獗时,防护口罩被证明最有用,不仅被用于急性鼠疫病院,还被用于隔离营和停在铁道上的观察车上。

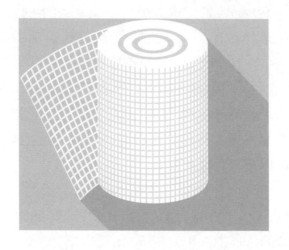

令人尊敬的伍连德先生

伍连德(1879 年 3 月 10 日—1960 年 1 月 21 日),我国现代医学的奠基人之一,也是我国现代检疫与防疫事业的先驱。伍连德在中国医学史上的功绩值得人们永远铭记。

他指挥扑灭了 1910 年的东北鼠疫,是中国有史以来第一起以科学防疫专家实践与政府行为相结合、有效控制的大型瘟疫。他亲手实施了中国医学史上第一例病理解剖,成为世界上提出"肺鼠疫"概念第一人。他设计的"伍氏口罩"让中国人第一次用口罩预防传染病。之后,他又分别组织扑灭了 1919 年、1920 年、1926 年、1932 年在东北、上海等地暴发的肺鼠疫和霍乱。1935 年,他获得诺贝尔生理学或医学奖候选人。2019 年,《柳叶刀》设立威克利·伍连德奖。

1918 年 3 月至 1919 年底,可怕的"西班牙流感"席卷了全球,造成全世界大约 20% 的人感染,夺走了 1700 万～5000 万人的生命。疫情蔓延期间,人们被强制要求戴口罩抵御病毒,特别是红十字会和其他医护人员。此后,口罩逐渐成为疫病出现的象征性形象。1952 年,口罩首次被用来防毒物。工业革命以来,伦敦就以"雾都"出名。烟雾使数千伦敦人患上了支气管炎、哮喘和其他肺部疾病,最严重的时候 4 天内就有 4000～6000 人死亡,多数是小孩和呼吸系统脆弱的人群,并且在之后两个月内,又有近 8000 人因为烟雾事件而死于呼吸系统疾病。从那时起,街上的行人纷纷戴上了口罩,以此来应对恶劣的空气状况。

20 世纪中后期,口罩的使用明显频繁起来。在载入史册的历次大流感中,口罩数次在预防和阻断病菌传播方面扮演了重要的角色。20 世纪以来,每到春秋季节,在公共场合戴口罩的人也多了起来。

21 世纪初,我国暴发了严重急性呼吸综合征(severe acute respiratory syndrome, SARS)疫情,即"非

典", 口罩在我国的应用和普及达到新高潮, 一场"非典"令口罩一度脱销。佩戴口罩也成了当时人们的"标配"。随后甲型 H1N1 流感、雾霾的出现加剧了人们对口罩的需求, 以及对口罩功能、种类等专业上更深一步的认识需求。2009 年, 甲型 H1N1 流感病毒的感染与传播, 让"口罩大军"不仅再一次出现在大众的视野中, 也出现在全世界各大新闻媒体的镜头前。近年来, 空气中过高浓度的细颗粒物（又称 $PM_{2.5}$）造成了严重的空气污染, 导致很多大城市空气质量恶化, 能见度降低, 引起了公众对空气污染问题的重视, 使口罩等防护用品在雾霾天气里极为畅销。

虽然口罩看起来属于微不足道的日用品, 但就是这一件小小的发明, 为当代人的生活带来了福祉。如今使用的防感冒口罩、防尘口罩、香味口罩等, 都是口罩的延伸和继续, 为人们的生活做出了很多贡献。现在的口罩不仅可以成为医护人员的专业防护工具, 也可以成为普通市民的出行装备。

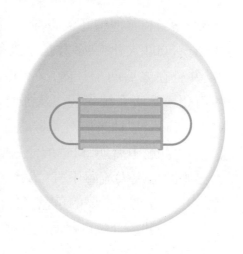

第二节　对口罩的认识

　　戴口罩可能会改变行为。关于这一点,夏勒和帕克提出了"行为免疫系统"的概念。他们讨论了关于规避风险行为的各种想法,这些行为可以抵御潜在的传染病。各种与潜在感染有关的线索都会使我们产生这样的规避反应。不过,对于佩戴口罩的反应却可能走向极端,甚至带有强烈的偏见。我们也应该看到,这个问题的另一个极端就是每个人无论何时都戴着口罩。在这种情况下,居民可能会变得不敏感。戴口罩的居民可能会对自己的安全更有信心,从而忽视了保持社交距离的重要性。一旦居民认为口罩提供了足够的保护,使得他们免受传染病的感染,也可能会与更多的人互动、参与大型集会活动。在这种情况下,佩戴口罩反而会使"行为免疫系统"失效失活,导致接触率增加,从而加速感染。类似的,不正确的口罩使用,如接触口罩的外部,或重复使用相同的口罩,都可能加速感染。

什么是"行为免疫系统"?

行为免疫系统（behavioral immune system, BIS）指人类和动物的一种心理机制，它的功能是抑制个体与可能存在疾病威胁的人或物接触。个体识别到环境中可能存在疾病威胁的线索，便会启动行为免疫系统。当相应的心理机制被启动后，个体便会做出一系列反应来回避环境中的这些人或物，从而杜绝或尽可能减少病原体侵入体内。包括感官系统对存在寄生虫感染线索（如恶臭的气味、粉刺和皮肤病）的感知，以及一系列厌恶情绪、感知和行为反应（如产生恶心的感觉、自动加强对疾病线索的感知、避免接触的行为等）。有理论指出，这种机制是避免致病病原体的基本防线。

行为免疫系统理论认为，为了应对传染病威胁，人类进化出了一套特殊的行为反应倾向。这样的倾向包括对疾病线索的警觉、厌恶，对健康配偶的偏好，对外群体的排斥，对集体主义的推崇等。

呼吸道病毒多以飞沫、接触传播为主，佩戴口罩可以最大限度减少病毒进入人体的可能性。因此，新型冠状病毒肺炎（以下简称"新冠肺炎"）疫情发生以来，亚洲国家的居民纷纷佩戴起了口罩，因为佩戴口罩能够降低感染风险，是普通居民防范新冠肺炎的重要举措。与此同时，媒体报道中却看到境外疫情颇重的意大利，居民对于是否佩戴口罩等问题进行了游行示威。游行中示威者们打着"拒绝戴口罩""拒绝隔离""拒绝封闭管理，只要自由"的口号。此外，包括美国在内的疫情暴发的西方国家自觉佩戴口罩的普通居民也不多。我们不禁要问，东西方国家的居民在佩戴口罩的问题上为何会存在如此大的差异？

由于东西方各国存在着很大的文化差异，普通居民对于佩戴口罩的态度也莫衷一是。中、日、韩等亚洲国家，普通居民认为佩戴口罩是防微杜渐，可以防止被患者传染，也可以防止传染他人，所以健康人群和患者都应该佩戴口罩。在很多亚洲国家，常常会看到人们佩戴口罩，这并不是因为他们生病了才戴口罩，而是因为他们相信口罩可以预防病菌的侵入。人群聚集或者环境污染让人们产生了很强烈的自我保护意识，认为戴上口罩会更安全一些。当周围存在很多不确定因素时，会有潜在被感染的风险，佩戴口罩能有效地保护好自己，避免被病菌感染。另一方面，佩戴口罩也可以防止传播病菌，就好比有一些确诊病例，在被确诊之前，他们并不知道自己已经被感染了，如果没有戴好口罩，就可能将病毒传播给他人，而他人被感染后再传给别人，病菌传播的范围就会越来越广，导致疫情难以被控制。

近 20 年来，中国经历了 SARS、人感染高致病性禽流感等疫情,也受到了雾霾等空气污染的困扰,佩戴口罩已成为一种司空见惯的现象。对于中国的公众来说,佩戴口罩体现的是过去一个多世纪逐渐发展形成的健康卫生习惯。作为一种简单方便的防护措施,佩戴口罩在历年对抗疫病的过程中逐渐得到了普及。随着我国公共卫生制度的日益完善,口罩被应用到了越来越多的生活场景中。在很多亚洲国家,口罩也悄然演变成一种流行文化元素。近几年,口罩还成为这些国家一些追求时尚潮流的年轻人的出行装饰,是整体造型的配饰,张扬个性,而不是单纯为了预防病菌感染。还有很多时候,人们佩戴口罩是为了保暖、缓解过敏,或是出门来不及化妆时用来修饰脸型。

但是,在一些西方国家,从普通民众到医学专家和政府部门工作人员,人们根深蒂固的思想都认为口罩是患了重病的人或是在医生强制要求时才需要佩戴。患有传染病的人应该自我隔离,本来就不应该出家门,所以其他健康的人是不需要佩戴口罩的。加之戴上口罩会让健康的人感到呼吸不畅,反而没有好处。西方很多国家始终强调佩戴口罩是没有意义的,对口罩充满了"歧视"。众多政府部门、卫生机构也都认为,普通人佩戴口罩"意义不大",只建议医护人员和患者佩戴。此外,还有一些专家指出了口罩本身的缺陷,如外科医用口罩根本就不具备过滤空气的效用,而且设计上也有问题,口罩较松,导致外部空气照样可以进去,无法预防病菌感染。由于一些政治原因,欧洲部分国家有

"禁蒙面法"，这也是很多欧洲人非必要时不会佩戴口罩的原因之一。事实上，欧洲有多个国家禁止佩戴口罩或面罩。其中奥地利就禁止民众在没有合理理由的情况下，在公共场所佩戴口罩或是面罩等遮盖脸部的物品，违反者将会被处以 150 欧元的罚款。如果生病了确实需要佩戴口罩，可请医生开具证明，并将证明随身携带，证明有合理理由佩戴口罩，不然也可能会受到处罚。所以在许多欧美国家，佩戴口罩不仅对他人起不到安慰作用，还会引起情绪恐慌。即使在生病的情况下，大部分人所采取的措施也只是休息、勤洗手、咳嗽或打喷嚏时捂住口鼻等。除非医生强烈要求，公众并不愿意佩戴口罩出门。从历史的角度看，1918年西班牙流感蔓延期间，欧美各国也曾经强制过民众佩戴口罩。虽然疫情造成了全球 1700 万～5000 万人死亡，佩戴口罩的要求在当时却依然遭遇巨大的反对，究其原因，还是很多人认为这有悖于对自由和个人主义的信仰。

综上所述,东西方对佩戴口罩的差异主要存在于以下两方面:

第一是对人权的认知差异。通过佩戴口罩,在一定程度上可以反映出二者对于人权的不同看法。例如在面对疫情中,对于东方国家普遍采取的佩戴口罩、紧急隔离、封闭管理等一系列措施;西方国家民众的反应是通过游行进行抗议以寻求其自身的自由权,在他们看来,相比于防疫的迫切性,不被隔离、不被要求佩戴口罩的自由更为重要。西方国家居民普遍认为佩戴口罩是生病者的礼貌而非普通居民的义务,戴口罩者多是生病者,健康人是不戴口罩的。反观东方国家,特别是中国,佩戴口罩是为了保护居民的生命健康权益。在所有的权利中,生命健康权是第一位的核心人权,而自己正是健康的第一责任人。两种文化对待个人权利的态度有明显的差异,没有好坏之说,但从特定时期预防疾病的功能角度以及结果来看,提倡佩戴口罩的理念更具优势。

首先,双方都佩戴口罩对病毒传播是双重的防护,因此佩戴口罩不仅可以减少未被感染的居民被潜在病毒携带者感染的概率,也可以减少病毒携带者自己感染他人的概率。普通居民佩戴口罩是保护自己的生命健康,病毒感染者佩戴口罩是确保他人的生命健康,这是道德更是义务。自由并非无拘无束,而是要以保障他人的权利不被侵犯为前提。

其次,佩戴口罩是防控呼吸道传染病传播、保障居民生命健康权的重要措施,既可以为国家预防疾病暴发减轻压力,也可以用节省下来的资源为救治确诊患者、控制疫情规模、恢复社会秩序提供支撑。一旦出现呼吸道传染病的暴发,只有提高救治率、减少感染率才能有效抵御病毒侵害,而只有抵御住病毒的侵害,才有利于社会秩序的恢复,各行各业才可以正常复工,社会才可以有序运转,为了控制疾病传播所采取的隔离、封闭管理等措施才可以解除。否则,病毒的扩散和传播会导致社会秩序进一步停滞,而停滞的代价和后果不必多说。

再次,生命权和健康权是其他权利的基础,先有生命权和健康权才能谈到其他权利。享有人权的前提必须是活着的人,先有人才可谈享有何种权利,权利是人享有的,没有人的存在,谈权利也失去了意义。

第二是对社会价值理念的认知差异。尤瓦尔·赫拉利在《人类简史:从动物到上帝》中提到三种人文主义形态:自由人文主义、社会人文主义、演化人文主义。其中,自由人文主义以个性自由为前提,社会人文主义则以社会及他人利益为前提。自由人文主义以西方社会提倡的个人自由、个性释放为前提,倡导追求个性、自由选择。西方居民对政府要求佩戴口罩的抗议则反映了其对政府压迫个人自由的警惕。而以家庭、他人、社会甚至国家利益为前提的社会人文主义则倡导为国家、为社会、为他人、为家庭贡献自己的力量,因为有国才有家、有家才有个体,只有国家好了、社会正常运转了,家庭才有希望,个人才有能力去追求自己想追求的事物。逻辑起点不同,落脚点就会不同。西方居民对佩戴口罩的抗议始于个人权利对国家权力的警惕,源自先有个体的权利之后才有国家的权力,国家的权力来源于个体权利让渡,国家不可限制个体的权利,这里的逻辑起源于西方个性自由的文化,反映追求自我、做事利己的文化特征。而我们的起点在于自己的家国文化,每个个体贡献自己的一份小力才可凝聚成社会的大力,才能让强大的国家保护自己及家庭不被欺负。先有国才有家,先有社会的整体才有每个个人的个体,每个个体贡献自己的力量,都自觉佩戴口罩,才能帮助整个社会和国家降低被感染人数,才能为国家统一调配资源提供助力,唯有如此才能尽快有效防控疾病,维持良好的社会经济秩序,才能让个体去安稳地工作和生活。

第三节　口罩的分类

面对各种突发传染病、花粉、粉尘、飞沫及冬季盛行的雾霾天气侵害,口罩已成为每个家庭的常备生活用品之一,是预防呼吸道疾病的重要防线。根据目前我国的国家标准与医药行业标准,可将口罩分为成人口罩(日常防护口罩、职业防护面罩)、医用口罩(一次性使用医用口罩、医用外科口罩、医用防护口罩)、儿童口罩(儿童防护口罩、儿童卫生口罩)和其他口罩(活性炭口罩、棉布口罩等)四大类。面对种类繁多的口罩,我们应该如何区分不同类型的口罩,采购时又应该注意什么呢?

一、口罩分类

(一)成人口罩

1.日常防护口罩

日常防护口罩采用 2016 年国家质量监督检验检疫总局与国家标准化管理委员会共同发布的《日常防护型口罩技术规范》(GB/T 32610—2016)标准进行加工生产,进而流入市场。该标准适用于在日常生活中空气污染环境下滤除细颗粒物($PM_{2.5}$)所佩戴的防护型口罩。口罩的防护效果级别创新性地实现了与环境空气质量相匹配的方式,使人们在不同等级的空气污染程度下,合理地、有选择地佩戴,从而防止细颗粒物被吸入体内。

根据口罩的防护效果级别实现对细颗粒物的过滤效率分级。防护效果分为 A、B、C、D 四个等级;过滤效率分为Ⅰ、Ⅱ、Ⅲ三个等级,分别用盐性介质(NaCl 颗粒物)和油性介质(玉米油颗粒物)双重检测。Ⅰ级盐 / 油过滤效率均≥ 99%,Ⅱ级盐 / 油过滤效率均≥ 95%,Ⅲ级盐过滤效率≥ 90% 和油过滤效率≥ 80%。该标准的测试流量为(85 ± 1)L/min。

当口罩的防护效果级别为 A 级,其过滤效率级别应该为 Ⅱ 级及以上;当口罩的防护效果级别为 B、C、D 级时,其过滤效率级别应为 Ⅲ 级及以上。针对口罩中的微生物含量也明确了要求,即不得检出大肠菌群、铜绿假单胞菌、金黄色葡萄球菌及溶血性链球菌,细菌菌落总数 ≤ 200CFU/g 及真菌菌落总数 ≤ 100CFU/g。

2. 职业防护面罩

职业防护面罩标准采用国家市场监督管理总局与国家标准化管理委员会共同发布的《呼吸防护用品——自吸过滤式防颗粒物呼吸器》(GB 2626—2019),于 2020 年 7 月 1 日实施。该标准适用于防护各类颗粒物的自吸过滤式呼吸防护用品,并规定了自吸过滤式防颗粒物呼吸器的技术要求、检测方法和标识。

根据面罩的过滤效率,面罩可分为 90(KN90、KP90)、95(KN95、KP95)、100(KN100、KP100)三个等级。KN 系列使用盐性介质(NaCl 颗粒物)进行检测,KP 系列使用油性介质(液状石蜡颗粒物)进行检测。在过滤效率的要求上,采用 85L/min 流量进行检测,KN90/KP90 均 ≥ 90.0%,KN95/KP95 均 ≥ 95.0%;KN100/KP100 均 ≥ 99.97%。呼吸阻力的指标要求为:吸气阻力 ≤ 350Pa,呼气阻力 ≤ 250Pa。

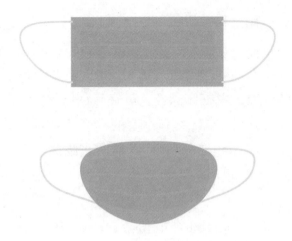

（二）医用口罩

1. 一次性使用医用口罩

2013 年 10 月 21 日国家药品监督管理局发布《一次性使用医用口罩》(YY/T 0969—2013)，2014 年 10 月 1 日实施。该标准适用于覆盖使用者的口、鼻及下颌，用于普通医疗环境中佩戴、阻隔口腔和鼻腔呼出或喷出污染物的一次性使用口罩，可用于普通医疗环境中的一次性卫生护理，防护等级最低。口罩的细菌过滤效率 ≥ 95%；口罩两侧面进行气体交换的通气阻力 ≤ 49Pa/cm^2。在微生物方面，标准要求非灭菌口罩不得检出大肠菌群、铜绿假单胞菌、金黄色葡萄球菌、溶血性链球菌及真菌，细菌菌落总数 ≤ 100CFU/g；灭菌口罩应无菌。

2. 医用外科口罩

2011 年 12 月 31 日国家药品监督管理局发布《医用外科口罩》(YY 0469—2011),2013 年 6 月 1 日实施。该标准适用于由临床医务人员在有创操作等过程中所佩戴的一次性口罩,具有一定的呼吸防护性能。可阻隔大部分细菌和部分病毒,既能防止临床医务人员被感染,也能防止医务人员呼出气中携带的微生物直接排出,避免对手术中的患者构成威胁。口罩的合成血液穿透要求:将 2ml 合成血液以 16.0kPa(120mmHg)压力喷向口罩外侧面后,口罩内侧面不应出现渗透。口罩的细菌过滤效率 ≥ 95%;口罩的颗粒过滤效率采用盐性介质(NaCl 颗粒物)测试,其过滤效率 ≥ 30%。口罩两侧面进行气体交换的压力差 ≤ 49Pa。口罩的微生物指标:非无菌口罩不得检出大肠菌群、铜绿假单胞菌、金黄色葡萄球菌、溶血性链球菌及真菌,细菌菌落总数 ≤ 100CFU/g;灭菌口罩应无菌。

3. 医用防护口罩

2010 年 9 月 2 日国家质量监督检验检疫总局与国家标准化管理委员会共同发布《医用防护口罩技术要求》(GB 19083—2010),2011 年 8 月 1 日实施。该标准专门规定医用防护口罩的技术要求、试验方法、标志与使用说明及包装、运输和贮存;主要用于医疗工作环境中,是一种密合性自吸过滤式医疗防护用品,防护等级较高,可过滤空气中的颗粒物,阻隔飞沫、血液、体液、分泌物等。相比日常防护口罩,医用防护口罩强调不应设有呼气阀装置,并且包装标志有"灭菌"或"无菌"字样的口罩应无菌。

医用防护口罩的吸气阻力不得超过343.2Pa(35mmH$_2$O),该标准的测试流量为85L/min;口罩合成血液穿透要求:将2ml合成血液以10.7kPa(80mmHg)压力喷向口罩,口罩内侧不应出现渗透。依据过滤效率对口罩进行分级:1级过滤效率≥95%,2级过滤效率≥99%,3级过滤效率≥99.97%,同样该标准的测试流量仍为85L/min,且均采用盐性介质(NaCl颗粒物)测试。口罩的微生物要求:不得检出大肠菌群、铜绿假单胞菌、金黄色葡萄球菌及溶血性链球菌,细菌菌落总数≤200CFU/g及真菌菌落总数≤100CFU/g。

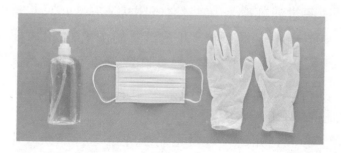

(三)儿童口罩

儿童作为特殊敏感人群之一,正处于生长发育阶段,并且因生理条件等因素制约,比成年人更易受到污染伤害,所以对空气质量要求更高。因此,针对儿童口罩,国家市场监督管理总局和国家标准化管理委员会于2020年5月6日共同发布《儿童口罩技术规范》(GB/

T 38880—2020),并于当日实施。该标准适用于 6 岁及以上、14 岁及以下儿童,用于过滤空气中的颗粒物,阻隔微生物、花粉、飞沫等所佩戴的口罩。

根据口罩性能,儿童口罩可进一步分为儿童防护口罩(F)和儿童卫生口罩(W)。根据不同年龄段儿童头面部尺寸,儿童口罩又可分大号、中号和小号三个号码。针对儿童口罩带,规范中指出宜采用可调节的方式进行合理佩戴。针对儿童防护口罩,规范中要求呼气阻力 ≤ 45Pa、吸气阻力 ≤ 45Pa、防护效果 ≥ 90%,但对儿童卫生口罩未做要求。儿童防护口罩与儿童卫生口罩过滤效率均采用盐性介质(NaCl 颗粒物)测试,过滤效率分别为 ≥ 95% 和 ≥ 90%。要求儿童卫生口罩细菌过滤效率 ≥ 95%、通气阻力 ≤ 30Pa,对儿童防护口罩未做相关要求。儿童口罩的微生物标准,要求不得检出大肠菌群、铜绿假单胞菌、金黄色葡萄球菌及溶血性链球菌,细菌菌落总数 ≤ 200CFU/g 及真菌菌落总数 ≤ 100CFU/g。

考虑到儿童生理发育尚未完全等特殊性,《儿童口罩技术规范》(GB/T 38880—2020)特提出安全警示:

(1)出现呼吸困难儿童不建议佩戴口罩,如需佩戴应遵医嘱或佩戴其他适合的呼吸防护用品。

(2)使用时应及时将口罩包装材料等与口罩佩戴无关的物件清理掉。

(3)儿童应在成年人看护下佩戴使用口罩,看护人应注意观察并教育儿童正确佩戴口罩。儿童佩戴口罩期间不应打闹或进行中等和中等以上强度运动,不应拆卸呼吸阀及呼吸阀内部件;如佩戴期间出现呼吸不适、皮肤过敏等症状,应及时摘脱口罩,必要时应立即就医。

(4)口罩应保持干燥,使用中避免沾湿,必要时应及时更换。

(5)口罩不建议洗涤后重复使用。

(6)已使用的口罩不应与他人交换。

(四)其他口罩

其他口罩如活性炭口罩、棉布口罩、时尚口罩等,我国尚未制定相关标准,用途上多限于防尘、保暖、防晒、时尚等。

二、口罩组成

市面上流通的口罩大多由内外层无纺布、中间层熔喷布、鼻夹[聚乙烯(PE)包裹细铁丝]、口罩带[弹性材料为氨纶,非弹性材料为聚丙烯(PP)无纺布]构成。有些日常防护口罩与儿童防护口罩可带呼气阀,职业防护面罩还配有吸气阀、呼气阀和呼吸导管等。

其中,无纺布多采用聚丙烯(PP)为原材料。其特点为防潮、透气、柔韧、质轻、不助燃、容易分解,无毒无刺激性,色彩丰富,柔软亲肤。无纺布没有经纬线,剪裁和缝纫都非常方便,而且质地轻,容易定型。

熔喷布同样以聚丙烯(PP)为原材料,被称为口罩的"心脏"。因空隙多、结构蓬松、抗褶皱能力好,具有很好的过滤性、屏蔽性、绝热性和吸油性。可用于空气、液体过滤材料、隔离材料、吸纳材料、口罩材料、保暖材料、吸油材料及擦拭布等领域。医用口罩的核心材料就是驻极处理之后的聚丙烯熔喷无纺布,这也是过滤病毒气溶胶的关键。

首先从原油加工成聚丙烯颗粒,然后再加工为高熔指聚丙烯纤维,这是口罩生产的核心原料。熔喷布主要以聚丙烯为原料,纤维直径可达 $1 \sim 5\,\mu m$。空隙多、结构蓬松、抗褶皱能力好,具有独特毛细结构的超细纤维增加单位面积纤维的数量和表面积,从而使熔喷布具有很好的过滤性、屏蔽性、绝热性和吸油性。熔喷法(melt blowing)属于聚合物挤压法非织造布工艺,是 1954 年美国海军为了收集核试验产生的放射性微粒研制的超细过滤效果的过滤材料,1965 年前后,埃克森、3M 等公司制造了第一代熔喷非织造布设备。其工艺原理就是用高速热空气对模头喷丝孔挤出的聚合物熔体细流进行牵伸,由此形成超细纤维并凝聚在凝网帘或滚筒上,依靠自身黏合成为非织造布。

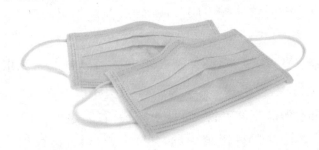

三、口罩应用

(一)成人口罩

1. 日常防护口罩

通常为折叠型,在国内销售的口罩一般符合《日常防护型口罩技术规范》标准,建议购买。适用于日常生活空气污染环境中滤除颗粒物所佩戴的口罩,如雾霾($PM_{2.5}$)等。

2. 职业防护面罩

一般会做成杯型,能够有效地贴合在口鼻部位,从而达到防尘效果。这种口罩可以有效减少甚至防止粉尘进入人体呼吸系统,多用于工厂作业等场所。

(二)医用口罩

1. 一次性使用医用口罩

适合医生与护士日常病房内工作时使用。公众在非人员密集的公共场所也可以使用,如乘坐公共交通工具,或者在大街上行走。

2. 医用外科口罩

比一次性使用医用口罩防护效果更好一些,适合医生在手术当中使用。呼吸道传染病流行期间的传染病患者应佩戴,疫情期间公共交通的司乘人员、出租车司机、环卫工人等公共场所服务人员在岗工作时也可以佩戴。

3. 医用防护口罩

一般为折叠型或者杯型,是目前最高等级的医用口罩,适合发热门诊、隔离病房的医护人员以及确诊的传染病患者在转移时佩戴。

(三)儿童口罩

应严格按照《儿童口罩技术规范》国家标准执行,根据不同环境选择适合儿童脸型的口罩。

(四)其他口罩

1. 活性炭口罩

活性炭口罩可以有效过滤细菌、病毒、臭味、甲醛和轻微毒气。缺点是透气性不好,不适合长时间佩戴。

2. 棉布口罩

棉布口罩是日常使用较为广泛的一种口罩,主要功能就是保暖。棉布口罩有良好的透气性,但防尘防菌的效果几乎没有,所以去医院看病时戴这种口罩的作用是微乎其微的。

四、购买口罩注意事项

1. 明确需求

公众在购买口罩时,应根据需求事先查阅相关口罩标准,表 1-1 对成人口罩、医用口罩、儿童口罩和其他口罩的区别进行了简要说明。

表1-1 成人口罩、医用口罩、儿童口罩和其他口罩的比较

口罩类型	成人口罩		医用口罩			儿童口罩		其他口罩
	日常防护口罩	职业防护口罩	一次性医用口罩	医用外科口罩	医用防护口罩	儿童防护口罩	儿童卫生口罩	
执行标准	GB/T 32610—2016	GB 2626—2019	YY/T 0969—2013	YY 0469—2011	GB 19083—2010	GB/T 38880—2020		—
标准性质	推荐性国标	强制性国标	推荐性行标	强制性行标	强制性国标	推荐性国标		—
适用领域	日常生活空气污染(PM$_{2.5}$)环境	用于劳动保护等普通工作环境	普通医疗环境,阻隔口鼻呼出污染物	临床医护人员有创操作过程	高暴露风险的医疗工作环境	6~14岁儿童日常阻隔微生物、飞沫、粉尘及花粉等颗粒物	日常生活	—
外观特点	立体、密合性好	立体、密合性好	平面,密合性一般	平面,密合性一般	立体、密合性好	头围大小相匹配,立体、密合性好	美观	—
颗粒物过滤效率	I级≥99%(盐、油);II级≥95%(盐、油);III级≥90%(盐)、80%(油)	KN90/KP90≥90%;KN95/KP95≥95%;KN100/KP100≥99.97%	—	≥30%	1级≥95%;2级≥99%;3级≥99.97%	≥95%(盐)	≥90%(盐)	—
颗粒物类型	盐性、油性气溶胶	盐性、油性气溶胶	—	盐性气溶胶	盐性气溶胶	盐性气溶胶	—	—
细菌过滤效率	—	—	≥95%	≥95%	—	≥95%	—	—
其他关键指标要求	防护效果、吸气阻力、呼气阻力	吸气阻力、呼气阻力、泄漏率	通气阻力	血液穿透	气流阻力、血液穿透、抗湿、阻燃	防护效果、吸气阻力、呼气阻力	通气阻力	—

2. 了解生产企业

购买口罩时,应事先查阅并了解相关生产企业营业执照。建议选购经营时间较长、资质健全的企业生产的口罩。

3. 选择标注 R 商标的口罩

目前市场上的商标分为 TM 商标和 R 商标,TM 商标是指正在注册中的商标,R 商标是指已经批准注册的商标,受法律保护。

口罩的种类

作者:应 宁 王 姣

市场上口罩种类多

咱一种一种慢慢说

依据国标来规定

四类口罩供使用

成人口罩是第一类

防止粉尘吸入肺

日常生活或工厂

用这类口罩最理想

医用口罩是第二类

医护人员的特宠

阻隔粉尘做防护

包括致病微生物

儿童口罩是第三类

要看环境和脸型选择对

其他口罩是第四类

它的功能最好懂

棉布口罩能保暖

却不能够防传染

口罩选购擦亮眼

货比三家最保险

透气性能不够强

佩戴时间不宜长

参考文献

[1] 李红, 曾凡刚, 邵龙义, 等. 可吸入颗粒物对人体健康危害的研究进展 [J]. 环境与健康杂志, 2002, 19(01): 85-87.

[2] 尤瓦尔·赫拉利. 人类简史: 从动物到上帝 [M]. 林俊宏, 译. 北京: 中信出版集团, 2017.

[3] MARTINS V, MORENO T, MINGUILLN M C, et al. Exposure to airborne particulate matter in the subway system[J]. The Science of the Total Environment, 2015(511): 711-722.

[4] HE L, LI Z, TENG Y, et al. Associations of personal exposure to air pollutants with airway mechanics in

children with asthma[J]. Environment International, 2020(138): 105647.

[5] MENDELL M J, HEATH G A. Do indoor pollutants and thermal conditions in schools influence student performance? A critical review of the literature[J]. Indoor Air, 2005, 15(1): 27-52.

[6] WANG J, PAN L, TANG S, et al. Mask use during COVID-19: A risk adjusted strategy[J]. Environmental Pollution, 2020, 266(Pt, 1): 115099.

[7] 孙锴,刘新明,庞宗彪等.医用口罩防护效果研讨[J].中华医院感染学杂志,2013(8):1880-1881.

第二章　戴口罩真的有用吗

第一节　戴口罩有效吗

一、口罩的防护机制

(一)颗粒物在呼吸道的沉积

颗粒物可随呼吸进入呼吸道,进入呼吸道内的颗粒物并不会全部进入肺泡,其可以沉积在呼吸道内。颗粒物和细菌、病毒在呼吸系统的沉积可分为三个区域:上呼吸道区(包括鼻、口、咽和喉部);气管、支气管区;肺泡区(无纤毛的细支气管及肺泡)。一般认为,空气动力学直径在 $10\mu m$ 以上的颗粒物(吸入性颗粒物)大部分沉积在鼻咽部,$10\mu m$ 以下的颗粒物(可吸入性颗粒物)可进入呼吸道深部,而在肺泡内沉积的颗粒物大部分是 $5\mu m$ 以下的颗粒物(呼吸性颗粒物),特别是 $2\mu m$ 以下的颗粒物。进入肺泡内的颗粒物空气动力学直径上限是 $10\mu m$,这部分进入肺泡内的颗粒物具有重要的生物学作用,因为只有进入肺泡内的颗粒物才有可能引起肺部疾病。不同粒径的颗粒物在呼吸道不同部位沉积的比例不同。影响颗粒物在呼吸道不同区域沉积的主要因素是颗粒物的物理特性(如颗粒物的大小、形状及密度等),以及与呼吸有关的空气动力学条件(如流向、流速等)。具体来说,颗粒物在呼吸道内的沉积机制主要有以下几种:

1. 截留

不规则形状的颗粒物(如云母片状颗粒物)或纤维状颗粒物(如石棉、玻璃棉等)可进入呼吸道,沿气流的方向前进,被鼻、咽、喉、气管和支气管等的接触表面截留。

2. 惯性冲击

人体吸入颗粒物后,颗粒物按一定方向在呼吸道内运动,由于鼻、咽腔结构和气道分叉等解剖学特点,当含尘气流的方向突然改变时,颗粒物可冲击并沉积在呼吸道黏膜上,这种作用与气流的速度、颗粒物的空气动力径有关。冲击作用是较大颗粒物沉积在鼻腔、咽部、气管和支气管黏膜的主要原因。在这些部位沉积的颗粒物,若不及时被机体清除,在长期慢性作用下可能引起慢性炎症性病变。

3. 沉降作用

颗粒物受重力作用而沉降在呼吸道不同部位,沉降的速度与颗粒物的密度和粒径有关。粒径或密度大的颗粒物沉降速度快,当吸入颗粒物时,首先沉降的是粒径较大的颗粒物。

4.扩散作用

颗粒物可受周围气体分子的碰撞而形成不规则的运动,导致肺内的沉积。受到扩散作用的颗粒物一般指 0.5μm 以下的颗粒物。

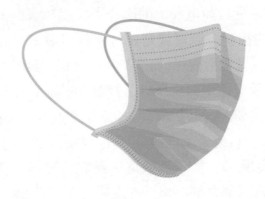

(二)口罩的过滤作用

口罩的作用是阻挡口腔内的唾液飞沫向外溅出和过滤一定粒径大小的颗粒物。口罩的主体是滤料,滤料捕集颗粒物的机制主要有 5 种:扩散捕集作用、惯性捕集作用、截留捕集作用、重力捕集作用和静电捕集作用。对于一般的纤维滤料,前 4 种是最主要的过滤机制。

对于口罩来说,由于熔喷材料是靠自身纤维热熔而成,因此厚度更厚。采用熔喷法生产的无纺布,纤维随机和隔层交叉排列,形成了熔喷材料多弯曲通道结构,这样颗粒物(病毒气溶胶)才会与纤维产生碰撞而被滞留。对大多数口罩,特别是医用口罩来说,过滤机制通常是布朗扩散、截留、惯性碰撞、重力沉降和静电吸附。前4种都是物理因素,也就是熔喷法生产的无纺布自然具有的特性,过滤效率约35%。众所周知,这达不到各个国家和地区对医用口罩的要求。而静电吸附则是通过荷电纤维的库仑力实现对病毒飞沫(气溶胶)的捕获。原理就是让过滤材料表面更开阔,对微粒的捕获能力能强,而电荷密度增加,对颗粒的吸附和极化效应就更强。所以,过滤层的熔喷无纺布过滤材料必须要经过驻极处理,才能在不改变呼吸阻力的前提下,让纤维带上电荷,用静电捕获携带了病毒的气溶胶,实现95%的过滤效率。通常情况下,口罩要在达到阻隔效果的同时保证舒适通气性。对医用口罩来说,吸气阻力一般不超过343.2帕(Pa),而民用口罩吸气阻力的限制相对更低一些,一般不超过135帕(Pa)。驻极处理能够大幅提高过滤效率,而且驻极电压越高,材料过滤效率越高。一般需要驻极电压在30~60kV,驻极时间在20秒以上。

1. 扩散捕集

由于气体分子热运动产生对微粒的作用力,微粒发生布朗运动,使运动粒子随流体流动的轨迹与流线有一定的偏移。常温下,0.1μm的微粒每秒钟扩散距离可达到17μm,比纤维间距大几倍甚至几十倍,这就使微粒有更大的机会运动接触到纤维表面并沉积下来,被接触表面截留。粒径较小的颗粒,气流速度越小,布朗扩散作用就越明显,与滤料纤维接触的机会增大,从而被捕集。受到扩散作用的尘粒一般是指 0.5μm 以下的颗粒,特别是小于 0.1μm 的颗粒;直径大于 0.5μm 的微粒布朗运动作用会减弱许多,一般就不能单靠布朗运动使其离开流线而碰撞到纤维的表面。

2. 惯性碰撞捕集

由于纤维排列复杂,气流在纤维层内穿过时,其流线要屡经激烈的拐弯。流线拐弯时,运动的微粒由于具有惯性,来不及跟随流线的变化绕过纤维,因而脱离流线撞向纤维,并在纤维上沉积下来。微粒的粒径越大,气流速度越大,受到的惯性力也就越大。

3. 截留捕集

在纤维层内纤维错综复杂地排列,形成无数的网格。当某尺寸的微粒沿流线刚好运动到纤维表面附近时,如果从流线到纤维表面的距离等于或小于微粒的半径,微粒就被纤维截留并在表面沉积下来;同时纤维上有毛刺,粉尘经过滤料时,被纤维上的毛刺勾住,从而阻止其穿透。另外,当口罩有多层时,由纤维互相搭接编织成网,当粉尘通过滤料时就会被各纤维层截留。

4. 重力捕集

微粒通过纤维层时,在重力作用下发生脱离流线的位移,依靠重力自然沉降,从气流中分离出来。粒径越大的颗粒,重力捕集作用就越明显。

5. 静电捕集

由于摩擦或其他作用,或者采用驻极体纤维,使口罩带上电荷,对颗粒产生吸引作用而捕集颗粒。滤料和微粒都有可能带上电荷,带异性电荷的微粒相互吸引形成较大的新颗粒,容易因惯性作用而被捕集;带同性电荷的微粒相互排斥,促成微粒做布朗运动而被捕获,同时也有因静电力作用而产生滤料吸引微粒效应,这些统称为静电作用。因口罩的静电作用,从而将病毒和粉尘吸附在口罩外层。粒径越小、质量越轻的粒子,越易被吸引。

二、佩戴口罩的效果

佩戴口罩是预防呼吸道传染病最基础的措施,不用吃药就可以降低呼吸道传染病的感染风险,还可以帮助容易过敏的人们有效缓解花粉过敏、过敏性鼻炎等引起的不适症状。从预防传染病的角度来说,患者佩戴口罩可以防止飞沫喷射、降低飞沫量和喷射速度,普通人佩戴口罩可以有效阻挡含有病毒的飞沫核或气溶胶吸入体内,是一道简单、有效的保护人群健康的物理屏障。

香港城市大学曾做过一项研究——在不同使用情境下对口罩预防呼吸道传染病的有效程度进行了模拟实验。研究发现,在气流稳定的条件下佩戴口罩,吸入的超细颗粒物(空气动力学直径小于 $0.1\mu m$ 的颗粒物,是比我们常说的 $PM_{2.5}$ 还要细小很多倍的颗粒)可以减少 45%;在呼气条件下,全密封的口罩防护效果可以接近 100%。另一项关于控制传染病传播的物理干预措施的回顾性研究中，Jefferson 等对不同国家的 67 项研究进行了系统回顾、归纳分析，得出这样一个结论：佩戴口罩是有效防止呼吸道疾病的一个重要手段，而且 N95 口罩与外科口罩的防护效果相似。很多类似的研究也都发现，佩戴口罩可以有效降低流感、SARS 等疾病的患病风险。在人员密集的场所，因为无法通过吃药达到预防呼吸道疾病传播的效果，佩戴口罩就成为了少数推荐使用的非药物预防措施之一。印度尼西亚大学数学院的 Aldila 等构建了一个数学模型，针对中东呼吸综合征（Middle East respiratory syndrome, MERS）期间采取的三种疾病防控措施（佩戴口罩、辅助护理和政府宣教）进行了对比。研究发现，无论是在预防还是控制中东呼吸综合征的情况下，佩戴口罩都是降低感染人数的最优选择。而且从政府预算的角度考虑，佩戴口罩是成本最低的方式。一项在 SARS 疫情期间进行的调查显示，美国、新加坡等国家以及中国台湾和香港等地区佩戴口罩的意义已经超越其自身在疾病预防中起到的直接作用，人们佩戴口罩预防疾病的意识不断提高，并且能够积极配合政府部门发布的其他非药物干预措施（例如社交隔离等），对疾病传播的控制起到了积极的作用。

　　虽然有很多研究结果显示，佩戴口罩可以有效预防呼吸道传染病,但是学术界对此却存在一些争议。究其原因,主要是不同调查所研究的内容及侧重点不同、评价佩戴口罩预防呼吸道传染病效果的方法有差异、研究设计和研究的最终目标不同,导致争议不断。有些研究在评估佩戴口罩预防呼吸道传染病的有效性时没有使用可以量化的指标,而是选择对参与调查的人员进行访谈,通过他们的主观感受来验证口罩的防护效果,这就使得研究结果受到主观因素的干扰。而且,当群体中佩戴口罩的人员比例过低时,佩戴口罩对于疾病传播的影响就表现得极为有限。一项发表在 International Journal of Infectious Diseases 上的研究对口罩利用率和有效性进行了系统分析,整合了来自全球超过 50 个国家共 12 710 例样本的数据,发现在人员密集场所佩戴口罩比不戴口罩的人患呼吸道传染病的可能性低 20%。我国香港的一项研究发现,SARS 疫情期间在公共场所佩戴口罩的 OR 值仅为 0.36,低于居室消毒(OR=0.41)和勤洗手(OR=0.58),有效限制了 SARS 病毒在香港的社区传播。

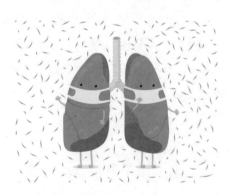

OR 值是什么意思

OR（odds ratio）又称比值比、优势比，是流行病学病例对照研究中的一个常用指标，主要指病例组中暴露人数与非暴露人数的比值除以对照组中暴露人数与非暴露人数的比值。*OR* 值等于 1 的时候，说明该因素对疾病的发生不起作用。*OR* 值大于 1，说明该因素是危险因素，且数值越大，危险性越强。*OR* 值小于 1，说明该因素是保护因素，且数值越小，保护能力越强。

第二节 必须戴口罩吗

在过去，我们一提起口罩，更多地会联想起生病、医院这样的关键词。时至今日，我们的生活被各种文化不断冲击，佩戴口罩的理由也早已不是"生病了""怕传染"。有的人因为天冷，所以佩戴口罩来保暖；有的人因为没化妆，所以佩戴口罩遮住脸以免露出素颜；还有的人觉得自己脸颊太大，所以认为佩戴口罩可以"显脸小"。不过，对大多数人来说，佩戴口罩最重要的目的依然是预防疾病。在不少人心目中，也难免有这样的疑问，都说佩戴口罩能防病毒，这么几层布就能保护我的健康？别是交了智商税吧？虽然东西方普通公众和学者对于佩戴口罩尚存在争议,但国内外还是有很多学者通过不同的研究发现了诸多佩戴口罩必要性的证据。这还得从疾病的传播途径开始讲起。

很多传染性疾病,特别是呼吸系统传染病,主要的传播途径都是人传人。这些疾病的传播途径一般包括呼吸道飞沫传播和接触传播,在相对封闭的环境中长时间暴露于高浓度气溶胶情况下还存在通过气溶胶传播的可能。由于人体眼部、口鼻处的黏膜非常容易被感染,如果日常面对面说话、咳嗽、打喷嚏时喷射出的飞沫带有病毒,那么这些带有病毒的飞沫可以通过一定的距离(一般是 1～2m)到达易感的黏膜表面,从而进入人体,将正常人感染,造成飞沫传播。在相对封闭的环境中,带有病毒的飞沫也可能混合在空气中,形成气溶胶,通过气流在更广的范围内(>1m)传播。更可怕的是,这种带有病毒的气溶胶可以在环境中存活更长时间,大大增加了正常人感染的风险。带病毒的气溶胶可能在物体表面沉积,或是之后再悬浮,这都是潜在的传播途径。

您知道什么是气溶胶吗?

气溶胶是固态或液态微粒悬浮在气体介质中的分散体系,粒径范围广,形态多不规则,化学组成复杂。正黏病毒科、副黏病毒科、冠状病毒科、小 RNA 病毒科、腺病毒科、疱疹病毒科等多种病毒可经呼吸道感染,某些肠道病毒也会通过呕吐或污水喷灌等行为悬浮到空气中,形成病毒气溶胶。病毒气溶胶传播速度快,危害巨大,吸入后可导致呼吸系统疾病流行,对人体健康造成不良影响。

也许有人会问了,如果我不佩戴口罩,到底会怎么样呢?

答案是:增加患传染病的风险。

这可不是危言耸听。

新冠肺炎疫情期间,一位浙江的病例没有去过疫区,也没有接触过有症状的患者,仅仅和另一名确诊病例在菜市场某个摊位前同时停留了 15 秒后就被传染了。这两个人共同的特点是都没有佩戴口罩。与这个案例的情况类似,一对浙江的夫妇在确诊前也没有流行病学接触史,但其中一人曾与另一名确诊病例在同一诊所停留不到一分钟的时间,而且这两个人也都没有佩戴口罩。即便如此,一些国家对公众佩戴口罩的必要性依然没有引起足够重视,甚至还表示在不戴口罩的情况下,公众也可以通过保持手卫生获得很好的保护。实际上,对于保持手卫生是否能够获得恰当保护的相关研究十分有限,研究设计也存在不同程度的差异,很难确定保持手卫生在预防病毒感染与传播(如流感、SARS、MERS 等)方面是否有效。Wong 等对 10

项随机对照试验进行了回顾研究,并得出这样一个结论——手卫生在预防实验室确诊流感方面并不具有统计学意义。通俗的理解就是,根据以往的研究,只做好手卫生并不能预防流感。而针对口罩的作用,Aiello等在流感季节对大学生也进行了一项随机对照试验。他们发现 2006—2007 年间,和不佩戴口罩的对照组相比,佩戴口罩并保持手卫生的试验组中流感样病例减少了 35%～51%。所以,他们强调在季节性流感暴发期间,尤其是在大流行初期没有可用疫苗和特效药物的时候,应该鼓励大家佩戴口罩并注意手卫生。此外,Macintyre 和 Chughtai 发现,通过佩戴口罩或是佩戴口罩的同时做好手卫生都可以在日常生活中有效预防呼吸道传染病。

随机对照试验是什么

随机对照试验(randomized controlled trial, RCT)是一种对医疗卫生服务中的某种疗法或药物的效果进行评价的手段,常用于医学、生物学和农学。随机对照试验的基本方法是,将研究对象随机分组,对不同组实施不同的干预,以对照效果的不同。具有能够最大程度地避免临床试验设计、实施中可能出现的各种偏倚,平衡混杂因素,提高统计学检验的有效性等诸多优点,被公认为是评价干预措施的金标准。

通过以上几个例子我们可以知道,佩戴符合国家标准的口罩不仅可以在吸气的时候有效地将病毒阻挡在呼吸道之外,还可以阻止患者呼出的病毒进入空气中。因此,佩戴口罩不仅可以保护自己,也能保护他人。虽然大多数患者的不适症状非常明显,像打喷嚏、流鼻涕、咳嗽等很容易被观察到,但是也有一些患者,生了病可能自己都不知道。我们把这些患者称为无症状感染者或病毒携带者,也就是感染病毒后没有临床症状(例如发热、乏力、肺炎等),但体内确实携带了病毒或是尚处于潜伏期。大量研究证明,即使他们没有发病,也可能具有一定的传染性,甚至传染性更强。如果仅要求已经出现不适症状的人群在出行时佩戴口罩,对尚处在潜伏期的患者和无症状感染者来说,就有可能出现不知道自己已经感染而传染他人的情况。因此,在呼吸道传染病高发时期,无论是在人员密集的场所还是通风条件不良的场所都应该佩戴口罩。

第三节 应该采取怎样的口罩佩戴政策

新冠肺炎流行期间,不同国家对戴口罩和不戴口罩有着不同的规定,有些国家强制居民佩戴口罩,而有些国家则鼓励居民自愿佩戴口罩。这些强制性和自愿性的口罩佩戴政策可能会对人们产生未知的社会结果和行为结果。有报道显示,在实施强制性口罩佩戴政策的国家和地区,虽然不会改变居民对佩戴口罩的接受度,但确实可以提高佩戴口罩的人数。而且,愿意佩戴口罩的人更经常表现出其他防护行为(如经常进行手卫生、定期进行环境及物体消毒等)。相比之下,在实施自愿性口罩佩戴政策的国家和地区,可能反而导致居民产生逆反心理,不能充分遵守规定,而且可能加剧对口罩的污名化(如认为只有生病的人才需要佩戴口罩等)。

为此,德国的学者做了这样一项研究。受试者面临一个现实的场景:想象自己和另一个人一起站在当地杂货店的水果摊前,研究人员随机选择决定这名受试者是强制性佩戴口罩还是自愿性佩戴口罩,另一个人是否佩戴口罩。结果发现,戴口罩的人被认为与社会的关系更紧密,更亲近社会。在这个试验中,佩戴口罩被认为是一种社会契约,那些遵守它的人在社会上互相"奖励",并"惩罚"其他不戴口罩的人。在自愿性口罩佩戴政策下,能够遵守政策佩戴口罩的人较少。只有在受试者自愿佩戴口罩的情况下才会部分影响污名化,也就是说另一个佩戴口罩的人会被认为属于高风险人群。所以从这个角度来看,自愿性的口罩佩戴政策对一些居民来说可能不太公平。一些研究认为,不太亲近社会的人在日常生活中佩戴口罩的频率更高。然而,在假设的场景中,是否亲近社会并不能预测未来在任何一种政策下佩戴口罩的情况。受试者普遍认为佩戴口罩的人比不戴口罩的人更亲近社会,这与采取强制性或自愿性口罩佩戴政策没有关系。与之相关的是,在日常生活中经常佩戴口罩的人对同样戴口罩的人态度更温和。这说明无论口罩佩戴政策是否到位,遵守佩戴口罩这一社会契约的人倾向于在社会上"奖励"对方,而"惩罚"不佩戴口罩的人。在自愿性政策下,更多的人可能担心受到负面的社会评价而表示不愿意佩戴口罩。因此,受试者普遍认为强制性的口罩佩戴政策比自愿性的口罩佩戴政策更公平,特别是对于高风险群体的受试者来说尤其明显。

可以说,佩戴口罩是一种社会契约。在这种契约中,顺从的人更容易积极地看待对方,而不顺从的人更容易受到社会惩罚。佩戴口罩也与坚持其他防护行为有关,它标志着居民更愿意亲近社会。实际上,早在"非典"疫情期间就有学者发现,共情能力更强的人更有可能佩戴口罩。共情能力可以被视为亲近社会行为的先决条件。据估计,80%以上人口佩戴中

等防护效果的口罩可以在两个月内预防 17%～45%
的相关死亡。虽然自愿性政策下佩戴口罩的比例不
算太低,但仍不足以达到这一水平。更重要的是,既
然佩戴口罩是一种社会契约,只有较高的接受度才能
有效防止口罩的污名化。虽然社会的意识形态处于
动态变化过程中,这种动态变化事实上也可以在自愿
性政策下提高佩戴口罩的人数,但代价是巨大的社会
压力和两极分化的可能。所以,如果国家或社区希望
居民通过佩戴口罩来控制当地疫情或减少未来的大
流行,有必要引入强制性政策并明确告知公众佩戴口
罩的好处(降低风险、相互保护、传递积极的社会信
号),强调强制性政策的好处(更公平、更少污名化、更
高效)。

大家都来戴口罩

作者:应 宁 王 姣

这次说说戴口罩

分享知识作介绍

保护健康小屏障

阻隔防护高质量

非药物干预的措施

降低感染风险您可知

花粉过敏和鼻炎

有效缓解不费难

介绍个指标 *OR* 值

流行病学小常识

数值虽小保护强

大于 1 时要提防

呼吸系统传染病

人 – 人是传播的途径

飞沫接触这两种

口罩让病毒难得逞

还有个名词叫气溶胶

戴口罩防护是第一招

注意卫生勤通风

健康握在咱手中

参考文献

[1] AIELLO A E, MURRAY G F, PEREZ V, et al. Mask use, hand hygiene, and seasonal influenza-like illness among young adults: a randomized intervention trial[J]. Journal of Infectious Diseases, 2010, 201(4): 491-498.

[2] ALDILA D, PADMA H, KHOTIMAH K, et al. Analyzing the MERS disease control strategy through an optimal control problem[J]. International Journal

of Applied Mathematics and Computer Science, 2018, 28(1): 169-184.

[3] BETSCH C, KORN L, SPRENGHOLZ P, et al. Social and behavioral consequences of mask policies during the COVID-19 pandemic[J]. Psychological and Cognitive Sciences, 2020, 117(36), 21851-21853.

[4] BARASHEED O, ALFELALI M, MUSHTA S, et al. Uptake and effectiveness of facemask against respiratory infections at mass gatherings: a systematic review[J]. International Journal of Infectious Diseases, 2016(47): 105-111.

[5] JEFFERSON T, FOXLEE R, DEL MAR C, et al. Physical interventions to interrupt or reduce the spread of respiratory viruses: systematic review[J]. British Medical Journals, 2008, 336(7635): 77-80.

[6] JEFFERSON T, DEL MAR C B, DOOLEY L, et al. Physical interventions to interrupt or reduce the spread of respiratory viruses[J]. Cochrane Database of Systematic Reviews, 2020, 11(11): CD006207.

[7] LAI A C, POON C K, CHEUNG A C. Effectiveness of facemasks to reduce exposure hazards for airborne infections among general populations[J]. Journal of the Royal Society Interface, 2012, 9(70): 938-948.

[8] LAU J T, TSUI H, LAU M, et al. SARS transmission, risk factors, and prevention in Hong Kong[J].

Emerging Infectious Diseases, 2004, 10(4): 587.

[9] MACINTYRE C R, CHUGHTAI A A. Facemasks for the prevention of infection in healthcare and community settings[J]. British Medical Journal, 2015(350): h694.

[10] MACINTYRE C R, CAUCHEMEZ S, DWYER DE, et al. Face mask use and control of respiratory virus transmission in households[J]. Emerging Infectious Diseases, 2009, 15(2): 233-241.

[11] MONCION K, YOUNG K, TUNIS M, et al. Effectiveness of hand hygiene practices in preventing influenza virus infection in the community setting: A systematic review[J]. Canada Communicable Disease Report, 2019, 45(1): 12-23.

[12] PILLEMER M F, BLENDON R J, ZASLAVSKY A M, et al. Predicting support for non-pharmaceutical interventions during infectious outbreaks: a four region analysis[J]. Disasters, 2015, 39(1): 125-145.

[13] TANG S, MAO Y, JONES RM, et al. Aerosol transmission of SARS-CoV-2? Evidence, prevention and control[J]. Environment International, 2020(144): 106039.

[14] TRACHT S M, DEL VALLE S Y, HYMAN J M. Mathematical modeling of the effectiveness of facemasks in reducing the spread of novel influenza

A (H1N1)[J]. PloS One, 2010, 5(2): e9018.

[15] SANDE M, TEUNIS P, SABEL R. Professional and home-made face masks reduce exposure to respiratory infections among the general population[J]. PLoS One, 2008, 3(7): e2618.

[16] WANG J, PAN L, TANG S, et al. Mask use during COVID-19: A risk adjusted strategy[J].Environmental Pollution, 2020, 266(Pt1): 115099.

[17] WONG V W, COWLING B J, AIELLO A E. Hand hygiene and risk of influenza virus infections in the community: a systematic review and meta-analysis[J]. Epidemiology and Infection, 2014, 142(5): 922-932.

第三章　口罩使用攻略

第一节　佩戴什么样的口罩

在我们的生活中，很多人存在这样的误区：口罩的防护级别越高，就能越好地保护我们的健康，好像安全感就能瞬间飙升一样。其实口罩的选择并不是以防护效果作为绝对的评判标准，而是要根据环境的污染水平、人员的暴露风险等级选择适合自己的口罩。有句俗话说的好：不选贵的，只选对的。试想一下，如果人人都去抢购防护口罩、医用口罩，势必会造成口罩供应紧张，甚至出现脱销的可能，急需这些口罩的患者、职业暴露人员、医护人员等则会因为缺少可用的物资而增加暴露风险，最终将导致难以想象的后果。所以，我们在选择口罩时应该根据实际使用需求，依据"充分而不过度"的原则，科学、适宜地选择口罩。

普通人群在需要做传染病日常防护时建议佩戴一次性使用医用口罩。长时间佩戴口罩会导致鼻腔黏膜抵抗力下降，因此连续佩戴口罩时间不宜过长。在闷热酷暑天气下，连续佩戴口罩的时间要适当缩短。如果出现严重雾霾天气,可以佩戴 N95/KN95 口罩等日常防护口罩,为了提高舒适性,建议选择有呼气阀的口罩。儿童由于脸型较小,佩戴成年人的口罩容易出现密封性不好,甚至会由于口罩与脸型的不匹配而导致脱落的问题,所以更建议购买儿童专用的口罩。如果在佩戴口罩时出现胸闷、气短、呼吸急促、心跳加快等不适症状,应当及时摘下口罩,并在通风良好的地方休息片刻,直至不适症状得到缓解。如果症状一直得不到缓解,就要及时就医。

呼吸道传染病患者和他们的陪护家属、疑似患者、有其他呼吸道疾病史人群或呼吸道疾病的轻症患者,存在呼吸道传播疾病的传染与被传染风险。针对这类人群,建议使用医用外科口罩或医用防护口罩,还要尽量避免去人群聚集、通风不良的公共场所。一些心肺系统疾病患者,如有心绞痛、明显的心律不齐、中度或重度肺脏疾病等,无论是日常防护口罩还是医用防护口罩的呼吸阻力都可能会对病情不利,所以在佩戴这类口罩前应该向专业医生咨询,在专业医生的指导下选择适合自己防护需求的口罩。类似的,老年人和孕妇如果有必要佩戴这类口罩,最好也要预先征求专业医生的意见。

在一般性粉尘、高毒物质粉尘(如铅尘、石棉尘、砷尘等)、放射性颗粒物(如氡子体)或含有剧毒物质的颗粒物环境中长时间工作的职业人群,职业防护面罩的使用可以最大限度降低恶劣环境对肺部的损害。带有呼气阀的口罩可以帮助降低呼气阻力,便于排出口罩内的湿热空气,舒适性更好,适合高强度作业人群使用,或在闷热环境下工作生活的人使用。当口罩变脏、带有异味、有破损或口罩上积累的粉尘使呼吸阻力变大,感觉明显呼吸不顺畅时,就应该整体废弃,更换新口罩。

呼吸道传染病流行期间,公共交通司乘人员、出租车司机、环卫工人、公共场所服务人员在岗工作时最好佩戴一次性使用医用口罩,并随身携带备用口罩。由于这部分职业人群连续佩戴口罩时间较长,口罩内部容易吸附呼出气中的细菌、病毒等,建议佩戴者根据口罩的呼吸阻力和卫生条件的可接受程度定时更换。如果发现部件坏损,如鼻夹丢失、头带断裂、口罩破损等,或口罩被弄湿、弄脏时,应立即更换。在口罩供应充足的情况下,不建议重复使用一次性使用医用口罩。

与以上提到的职业人群不同,医护人员在佩戴口罩时主要有三种选择:一次性使用医用口罩、医用外科口罩和医用防护口罩。进行一般卫生护理活动时,如卫生清洁、配液、清扫床单等,可以佩戴一次性使用医用口罩。为了阻止血液、体液和飞溅物传播,在有创操作过程中或护理免疫功能低下患者及进行体腔穿刺等操作时建议佩戴医用外科口罩。在诊疗活动中,特别是接触经空气传播或近距离经飞沫传播的呼吸道感染疾病患者时建议佩戴医用防护口罩。

您知道什么是粉尘吗?

粉尘,是指悬浮在空气中的固体微粒。粉尘有许多名称,如灰尘、尘埃、烟尘、矿尘、砂尘、粉末等,这些名词没有明显的界限。国际标准化组织规定,粒径小于 75μm 的固体悬浮物为粉尘。大气中粉尘的存在是保持地球温度的主要因素之一,大气中的粉尘过多或过少将对环境产生灾难性的影响。但在生活和工作中,生产性粉尘是人类健康的天敌,是诱发多种疾病的主要原因。

口罩的选择

作者:应 宁 王 姣

口罩选择与佩戴

发挥功效防危害

首先说口罩挑选要斟酌

充分而不过度是原则

科学、适宜是标准

掌握知识要严谨

一般人群戴一次性使用医用口罩

雾霾天气再戴防护口罩

职业暴露人群危险高

防护面罩少不了

重点人群有风险

有可能传染和被传染

医用外科口罩和防护口罩是首选

还有其他知识点

避免去人群聚集地

通风不良的公共场所也别去

患有心肺疾病的人群

戴口罩要先找医生做咨询

职业人群范围广

公交司乘、出租司机、环卫工人全在岗

要及时更换莫延迟

第二节　什么时候佩戴口罩

初春季节,草长莺飞,一派生机勃勃的景象,而空气中花粉的浓度也在悄悄增长,这对过敏性鼻炎患者以及对花粉过敏的人群来说可就不那么美好了。所以在这个时候,出行时就应选择佩戴口罩,这样可以有效降低不适感。如果出现雾霾天气,外出的时候建议佩戴普通的防护口罩。为了降低呼吸的阻力,还可以选择带有呼吸阀的产品。身体健康的人群在日常生活和正常社会活动中,不建议佩戴口罩。如果需要与呼吸道传染病患者接触,或长时间处于人员密集且不通风的场所,则可以通过佩戴口罩进行个人防护。日常生活中,如果是为了美观、保暖等目的,可以根据个人喜好随时摘戴口罩。

长期吸入工作场所空气中的粉尘、烟等颗粒物会对作业人员的呼吸系统造成损害,严重的甚至会患上尘肺。目前,尘肺仍然是我国最严重的职业病之一。防尘口罩是长时间暴露于较高浓度污染物环境中的作业人员必不可少的防护用品,主要用于含低浓度有害气体和蒸气的作业环境以及会产生大量颗粒物的作业环境。在这类环境中长时间工作的人员,为了自身的健康,一定要做好呼吸防护工作。佩戴一款防护效果好、呼吸顺畅的口罩有助于预防肺部损害的发生。

您知道什么是尘肺吗?

尘肺的规范名称为"肺尘埃沉着病",是由于在职业活动中长期吸入生产性粉尘(灰尘),并在肺内滞留而引起的以肺组织弥漫性纤维化(瘢痕)为主的全身性疾病。按吸入粉尘的种类不同,可分为无机尘肺和有机尘肺。在生产劳动中吸入无机粉尘所致的尘肺称为无机尘肺。尘肺大部分为无机尘肺。吸入有机粉尘所致的尘肺称为有机尘肺,如石棉肺、农民肺等。

在医疗工作环境下,佩戴口罩可以过滤空气中的颗粒物,阻隔飞沫、血液、体液、分泌物等。众所周知,当打喷嚏或者咳嗽的时候会向环境中喷射大量飞沫,这些飞沫可能会直接感染他人,也可能会附着在物体表面,或形成气溶胶长时间悬浮在空气中,当他人不小心接触被污染的环境时就容易造成感染。因此,呼吸道传染病患者在与他人近距离接触或出入人员密集场所、相对封闭场所、通风不良场所的时候应该佩戴没有呼吸阀的防护口罩,这样可以最大程度降低对环境的污染,保护他人身体健康,最终也是在保护自己的健康。

呼吸道传染病流行期间,所有人都需要做好防护。在户外或通风良好的室内活动时,普通公众应该随身备用一次性使用医用口罩或医用外科口罩,当无法与他人保持 1m 以上安全社交距离时要佩戴口罩。乘坐公交、地铁、长途汽车、火车、轮船、飞机等公共交通工具时,佩戴一次性使用医用口罩或医用外科口罩。在相对封闭、通风不良的公共场所佩戴一次性使用医用口罩或医用外科口罩。公共场所的服务人员在岗期间需要佩戴一次性使用医用口罩或医用外科口罩,其他办公场所和厂房车间的人员只有在与他人无法保持 1m 以上安全社交距离时需要佩戴口罩。托幼机构的儿童可以佩戴儿童防护口罩或防护面屏,教师、值守人员、清洁人员及食堂工作人员等则需要佩戴一次性使用医用口罩或医用外科口罩。在校园内,学生不需要佩戴口罩,老师在授课时建议佩戴防护面屏,学校进出值守人员、清洁人员及食堂工作人员等服务人员工作时应佩戴一次性使用医用口罩或医用外科口罩。医院就诊、探视或陪护人员,养老院、福利院、监狱和精神卫生机构中提供服务的工作人员应佩戴一次性使用医用口罩或医用外科口罩。

第三节　口罩的佩戴、更换与回收

不少人都认为口罩的佩戴非常简单,实际上可不要小瞧这小小的口罩,里面也是大有学问呢!如果不注意佩戴方法,可能会使口罩无法起到保护我们健康的作用,甚至可能会由于我们误以为自己已经做到了良好的防护,反而将自己暴露在更高的健康风险环境中。

一、一次性使用医用口罩 / 医用外科口罩的佩戴方法

1. 鼻夹侧朝上,深色面朝外(或褶皱朝下),两侧耳带挂在耳根处。

2. 上下拉开褶皱,使口罩覆盖口、鼻、下颌。

3. 双手指尖沿着鼻梁金属条,由中间至两边,慢慢向内按压,直至紧贴鼻梁。

4. 适当调整口罩,使口罩周边充分贴合面部。

二、日常防护口罩 / 医用防护口罩的佩戴方法

(一)挂耳式

1. 双手穿过耳带,将耳带戴在耳根处,将鼻夹置于上部,把口罩戴在鼻子和嘴部。

2. 将口罩的褶皱完全展开,这有助于最大限度地覆盖住面部,尽量减少呼吸所需的层数。

3. 双手指尖沿着鼻梁金属条,由中间至两边,慢慢向内按压,直至紧贴鼻梁。

4. 适当调整口罩,使口罩周边充分贴合面部。

(二)头戴式

1. 先将口罩头带每隔 2～4cm 拉松,将手穿过头带,凸面朝外。

2. 戴上口罩并紧贴面部,将上端头带拉上,放于头后较高位置,将下端头带拉过头部,置于颈后耳朵以下位置,并调校口罩至舒适位置。

3. 双手指尖沿着鼻梁金属条,由中间至两边,慢慢向内按压,直至紧贴鼻梁。

三、口罩的气密性测试

佩戴口罩后,将双手尽量遮盖口罩并进行正压和负压测试。

正压测试:用双手遮住口罩,大力呼气。如空气从口罩边缘逸出,则佩戴不当,须再次调整头带及鼻梁金属条。

负压测试:双手遮住口罩,大力吸气。如空气从口罩边缘进入,则佩戴不当,须再次调整头带及鼻梁金属条。

佩戴口罩小贴士

1. 一只手捏鼻夹容易导致口罩密闭不严,因此塑形时一定要用两只手缓慢按压。

2. 口罩潮湿或者污染后要及时更换。

3. 儿童在佩戴口罩前,需在家长帮助下,认真阅读并正确理解使用说明,以掌握正确使用口罩的方法。

4.家长应随时关注儿童佩戴口罩情况,如儿童在佩戴口罩过程中感觉不适,应及时调整或停止使用。

四、何时更换口罩

1.口罩表面被污染后(例如:染有血渍、飞沫、灰尘等异物,或者被隔离病患接触过),需要更换新的口罩。

2.口罩出现破损或损坏。

3.口罩中的防尘滤棉在面具与使用者面部紧密贴合良好的情况下,当佩戴者感到呼吸阻力很大时,说明防尘滤棉上已经附着满了粉尘颗粒,需要更换新的口罩。

4.口罩中的防毒滤盒在面具与使用者面部紧密贴合良好的情况下,当佩戴者闻到了毒物的味道时,就必须更换新的口罩。

5.普通口罩建议佩戴周期:活性炭口罩一般建议使用2天,医用N95口罩正常佩戴下不超过一周。

口罩的外层往往积聚着很多外界空气中的灰尘、细菌等污物,而里层阻挡着呼出的细菌、唾液,因此,两面不能交替使用,否则会将外层沾染的污物在直接紧贴面部时吸入人体,而成为传染源。口罩在不佩戴时,应叠好放入清洁的口袋或收纳袋内,将紧贴口鼻的一侧向里折好,切忌随便塞进口袋里或是挂在脖子上。如果口罩被呼出的热气或唾液弄湿,就会降低其阻隔病菌的作用。

普通公众佩戴口罩,一般在口罩变形、弄湿或弄脏导致防护性能降低时更换,按照生活垃圾分类的要求进行处理。呼吸道传染病患者及其护理人员佩戴过的口罩,不可随意丢弃,应视作医疗废弃物处理。将口罩对折,口鼻接触面朝外,继续对折两次后扎捆成型,将口罩装进包装袋投进医疗垃圾袋、有害垃圾袋等。丢弃口罩后,用消毒液或洗手液(肥皂)洗手。在口罩供应紧张的情况下,健康人群日常防护使用的口罩可以考虑重复利用。复旦大学公共卫生学院闻玉梅院士研究团队经过研究发现,将一次性使用医用口罩用保鲜袋包裹后,用电热吹风加热处理30分钟,不仅不会影响口罩截留颗粒物的功能,而且还能有效灭活病毒。

戴口罩　有诀窍

作者:应　宁　王　姣

口罩应该怎么戴
别觉得这个问题怪
您会说勒住耳朵捂口鼻

轻松简单小问题

这样戴口罩不正确

我给您介绍个小攻略

拿一次性使用医用口罩来举例

希望您认真阅读看仔细

鼻夹一侧要朝上

本末倒置出洋相

深色朝外需记住

里外不分有错误

拉开褶皱是要则

覆盖口鼻与下颌

双手从中向旁按

贴紧鼻梁很关键

贴合面部才理想

请您宣传多推广

弄脏弄湿及时换

养成健康好习惯

参考文献

[1] 宋武慧, 潘滨, 阚海东, 等. 安全、便捷技术再生一次性医用口罩的实验研究 [J]. 微生物与感染, 2020, 15 (1): 31-35.

[2] 中国疾病预防控制中心环境与健康相关产品安全所. 新发呼吸道传染病流行期重点场所防护与消毒技术指南 [M]. 北京:人民卫生出版社,2020.

第四章 风靡全球的口罩

第一节 世界卫生组织《针对新型冠状病毒肺炎疫情,在社区、家庭护理和医疗机构中使用口罩的建议》

一、概述

本文件为发生 2019 年新冠肺炎疫情地区内的社区、家庭和医疗机构中正确使用医用口罩提供快速指南。该指南适用于公共卫生和感染预防与控制(IPC)专业人员、医疗卫生管理人员、医疗卫生工作人员和社区卫生工作者。在获得更多可用资料后,本指南将及时进行更新。根据现有资料可知,新冠肺炎的人际传播途径为飞沫传播和接触传播。与出现呼吸道症状(如打喷嚏、咳嗽等)的患者密切接触(1m 以内)的人员都有可能接触到传染性飞沫。医用口罩为平折式或褶皱式外科或手术口罩(一些为杯状),可用带子固定在头部。

二、通用指南

佩戴医用口罩是控制包括新冠肺炎在内的某些呼吸道疾病在疫区内传播的预防措施之一。不过,仅使用口罩并不能提供足够的防护,应配合采取其他相关措施。在使用口罩的同时,应配合采取手卫生和其他感染预防与控制(IPC)措施,以防止新冠肺炎的人际传播。世界卫生组织(WHO)已针对家庭护理和医疗机构制定了 IPC 对策的相关指南,以在疑似感染新冠病毒时使用。在没有明确指导的情况下佩戴医用口罩可能产生不必要的浪费,造成采购负担,以及产生安全的错觉,从而导致人们忽略其他如手卫生习惯等必要措施。此外,不正确使用口罩可能影响口罩降低传播风险的有效性。

三、社区

(一)无呼吸道症状的人员

1. 避免到人群密集且空间密闭的场所。

2. 与出现呼吸道症状(如咳嗽、打喷嚏等)的人员保持 1m 以上的距离。

3. 勤洗手,如果双手没有明显脏污,可使用速干手消毒剂清洁双手;否则,应使用肥皂和清水洗手。

4. 在咳嗽或打喷嚏时,用手肘或纸巾遮住口鼻,使用后应立即处置用过的纸巾，然后做好手部清洁。

5. 不要用手触碰口鼻。

6. 不强制使用医用口罩。暂无证据表明口罩对保护未感染人群具有有效性。但是，根据当地文化习惯，有些国家的居民可能会佩戴口罩。如果佩戴口罩，应该遵守有关口罩佩戴、脱除和处置的规定，以及摘下口罩后的手部清洁要求（详见下文有关口罩合理使用的指导意见）。

（二）出现呼吸道症状的人员

1. 如果出现发热、咳嗽和呼吸困难，应该佩戴医用口罩，并立即或按照当地惯例就医。

2. 遵守下文中有关口罩合理使用的指导意见。

四、家庭护理

根据目前可获得的新冠肺炎及其传播的所有相关信息，WHO 建议对疑似感染新冠肺炎病毒的病例采取隔离预防措施，并收入医院治疗。这样既可确保医疗的安全性与有效性（防止患者的症状恶化），又可保证公共卫生安全。

不过，由于一些可能原因，包括无法提供住院治疗或住院治疗不安全（即医院床位和医疗资源有限，无法满足医疗服务需求），或患者获知病情后拒绝住院的情况，可能需要考虑在家中提供医疗服务。在这种情况下,应该遵守家庭护理的 IPC 指导意见。

（一）疑似感染新冠肺炎病毒，且出现轻微呼吸道症状的人员

1. 勤洗手，如果双手没有明显脏污，可使用速干手消毒剂清洁双手；否则，应使用肥皂和清水洗手，用六步洗手法清洁自己的手，清除手部污物和细菌，预防接触感染，减少传染病的传播。

2. 尽量与身体健康人员保持距离（1m 以上）。

3. 为抑制呼吸道分泌物传播，个人应配备医用口罩，并在身体状况允许的情况下尽可能佩戴口罩。因身体原因无法佩戴口罩的人员应该严格遵守呼吸卫生规定，即在咳嗽或打喷嚏时，应使用一次性纸巾遮住口鼻，并及时处置用过的纸巾。在接触呼吸道分泌物后立即清洗双手。

4. 多开门窗通风，确保居住空间的空气流通。

（二）疑似感染新冠肺炎病毒，且出现轻微呼吸道症状人员的亲属或看护人员

1. 勤洗手，如果双手没有明显脏污，可使用速干手消毒剂清洁双手；否则，应使用肥皂和清水洗手，用六步洗手法清洁自己的手。

2. 与被感染人员保持距离（1m 以上）。

3. 与被感染人员共处一室时应佩戴医用口罩。

4. 及时处置被感染人员用过的各种物品。接触呼

吸道分泌物后立即清洗双手。

5.多开门窗通风,确保居住空间的空气流通。

五、医疗机构

(一)出现呼吸道症状的人员

1.在分诊区或等待区等候时,或在医疗机构中走动时,应佩戴医用口罩。

2.在疑似病例或确诊病例聚集区域停留时,应佩戴医用口罩。

3.在单人房间隔离时无须佩戴医用口罩,但在咳嗽或打喷嚏时,应使用一次性纸巾遮住口鼻,并在用后立即妥善处置用过的纸巾,清洗双手。

(二)医疗卫生工作人员

1.进入收治疑似或确诊新冠肺炎患者病房时,以及为疑似或确诊病例提供护理时,应佩戴医用口罩。

2.开展会产生气溶胶的操作时,例如气管插管、无创机械通气、气管切开手术、心肺复苏术、插管前手动通气和支气管镜检查时,应使用防护能力至少达到美国国家职业安全与卫生研究所(NIOSH)认证的N95、欧盟(EU)标准FFP2或等效标准的颗粒物防护口罩。

六、口罩的使用与处置

如果佩戴医用口罩,必须正确使用并处置,以确保口罩的有效性,避免因不正确使用和处置口罩造成传播风险增加。

以下有关医用口罩正确使用的信息来源于医疗机构的实践:

1.佩戴口罩时,遮住口鼻,系紧线绳,尽可能减少面部与口罩之间的缝隙。

2.使用过程中应避免触碰口罩。

3.采用适当的方法摘除口罩(即避免触碰口罩外侧,从后面取下线绳)。

4.摘除口罩后,或无意中触碰到使用过的口罩时,使用速干手消毒剂清洁双手,如果沾有明显污渍,应使用肥皂和清水清洗双手。

5. 口罩受潮 / 变潮湿后,应立即更换一个干净、干燥的新口罩。

6. 请勿重复使用一次性口罩。

7. 一次性口罩在每次使用后应弃置,且应在摘除口罩后立即对其进行适当处置。

任何情况下均不建议使用布制(如棉布或纱布)口罩。

第二节　中国国家卫生健康委员会《公众科学戴口罩指引》

一、《公众科学戴口罩指引》

科学佩戴口罩,对流感、中东呼吸综合征、新冠肺炎等呼吸道传染病具有预防作用,既保护自己又有益于公众健康,这也就是"口罩文明"。2019 年 12 月底新冠肺炎疫情发生以来,口罩在疫情防控中起着重要防护作用。在抗击新冠肺炎疫情形势下,国务院应对新型冠状病毒肺炎疫情联防联控机制发布了《公众科学戴口罩指引》,从普通公众、特定场所人员、职业暴露人员以及重点人员的角度进行分类,对不同场景下佩戴口罩提出了科学指引的建议。

（一）普通公众

1. 居家、户外、无人员聚集、通风良好。

防护建议：不戴口罩。

2. 处于人员密集场所，如办公、购物、餐厅、会议室、车间等；或乘坐厢式电梯、公共交通工具等。

防护建议：在中、低风险地区，应随身备用口罩（一次性使用医用口罩或医用外科口罩），与其他人近距离接触（≤ 1m）时戴口罩。在高风险地区，戴一次性使用医用口罩。

3. 出现咳嗽或打喷嚏等感冒症状者。

防护建议：戴一次性使用医用口罩或医用外科口罩。

4. 与居家隔离、出院康复人员共同生活的人员。

防护建议：戴一次性使用医用口罩或医用外科口罩。

（二）特定场所人员

1. 人员密集的医院、汽车站、火车站、地铁站、机场、超市、餐馆、公共交通工具以及社区和单位进出口等场所。

防护建议：在中、低风险地区，工作人员戴一次性使用医用口罩或医用外科口罩。在高风险地区，工作人员戴医用外科口罩或符合 KN95/N95 及以上级别的防护口罩。

2. 监狱、养老院、福利院、精神卫生医疗机构,以及学校教室、工地宿舍等人员密集场所。

防护建议:在中、低风险地区,日常应随身备用口罩(一次性使用医用口罩或医用外科口罩),在人员聚集或与其他人近距离接触(≤ 1m)时戴口罩。在高风险地区,工作人员戴医用外科口罩或符合 KN95/N95 及以上级别的防护口罩;其他人员戴一次性使用医用口罩。

(三)重点人员

重点人员包括:新冠肺炎疑似病例、确诊病例和无症状感染者;新冠肺炎密切接触者;入境人员(从入境开始到隔离结束)。

防护建议:戴医用外科口罩或无呼气阀符合 KN95/N95 及以上级别的防护口罩。

(四)职业暴露人员

1. 普通门诊、病房等医务人员;低风险地区医疗机构急诊医务人员;从事疫情防控相关的行政管理人员、警察、保安、保洁员等。

防护建议:戴医用外科口罩。

2. 在新冠肺炎确诊病例、疑似病例的病房、ICU 工作的人员;指定医疗机构发热门诊医务人员;中、高风险地区医疗机构急诊科医务人员;流行病学调查、实验室检测、环境消毒人员;转运确诊和疑似病例人员。

防护建议:戴医用防护口罩。

3. 从事呼吸道标本采集的操作人员;进行新冠肺炎患者气管切开、气管插管、气管镜检查、吸痰、心肺复苏操作,或肺移植手术、病理解剖的工作人员。

防护建议:头罩式(或全面型)动力送风过滤式呼吸防护器,或半面型动力送风过滤式呼吸防护器加戴护目镜或全面屏;两种呼吸防护器均需选用 P100 防颗粒物过滤元件,过滤元件不可重复使用,防护器具消毒后使用。

(五)使用注意事项

1. 呼吸防护用品包括口罩和面具,佩戴前、脱除后应洗手。

2. 佩戴口罩时注意正反和上下,口罩应遮盖口鼻,调整鼻夹至贴合面部。

3. 佩戴过程中避免用手触摸口罩内外侧,应通过摘取两端线绳脱去口罩。

4. 同时佩戴多个口罩不能有效增加防护效果,反而增加呼吸阻力,并可能破坏密合性。

5. 各种对口罩的清洗、消毒等措施均无证据证明其有效性。

6. 一次性使用医用口罩和医用外科口罩均为限次使用,累计使用不超过 8 小时。职业暴露人员使用口罩不超过 4 小时,不可重复使用。

二、《公众科学戴口罩指引(修订版)》

2020年5月21日,为引导公众科学戴口罩,有效防控新冠肺炎疫情发生,保护公众健康,在前期印发的《公众科学戴口罩指引》基础上,根据新冠肺炎常态化疫情防控形势和全面复工复产复课情况,国务院应对新型冠状病毒肺炎疫情联防联控机制对指引内容进行了修订调整,发布了《公众科学戴口罩指引(修订版)》。本指引只适用于新冠肺炎疫情低风险地区,中、高风险地区仍参照原版指引实施。

(一)普通公众

1.居家

防护建议:无须戴口罩。

2.户外、公园

防护建议:建议随身备用一次性使用医用口罩或医用外科口罩,保持1m以上社交安全距离,无须戴口罩。

3.交通工具

防护建议:骑车和自驾车时,无须戴口罩;乘坐公交、地铁、长途汽车、火车、轮船、飞机等公共交通工具时,戴一次性使用医用口罩或医用外科口罩。

4.公共场所

(1)超市、商场、餐厅、展馆/博物馆、体育馆/健身房等场所防护建议:公众需随身备用一次性使用医用口罩或医用外科口罩。在无人员聚集、通风良好、保持1米以上社交安全距离情况下,无须戴口罩。

（2）剧场、影剧院、地下或相对封闭购物场所、网吧及乘坐厢式电梯等通风不良的公共场所

防护建议:戴一次性使用医用口罩或医用外科口罩。

5. 会议室

防护建议:确保有效通风换气,保持人员1米以上社交安全距离情况下,无须戴口罩。

（二）特定场所人员

1. 办公场所及厂房车间人员

防护建议:确保有效通风换气,作业岗位工作人员保持1m以上安全距离情况下,无须戴口罩。

2. 公共场所服务人员,如商店、公共交通工具、餐馆、食堂、旅馆、单位社区进出口、企业前台等场所工作服务人员

防护建议:戴一次性使用医用口罩或医用外科口罩。

3. 校园内人员

（1）托幼机构人员

防护建议:因幼儿特殊生理特征,不建议戴口罩。托幼机构教师、值守人员、清洁人员及食堂工作人员等,戴一次性使用医用口罩或医用外科口罩。

（2）中小学校人员

防护建议：需随身备用一次性使用医用口罩或医用外科口罩。在校园内,学生和授课老师无须戴口罩;学校进出值守人员、清洁人员及食堂工作人员等服务人员,戴一次性使用医用口罩或医用外科口罩。

（3）大中院校人员

防护建议：确保有效通风换气、保持 1m 以上安全距离情况下,教职员工和学生无须戴口罩;在封闭、人员密集或与他人近距离接触（≤ 1m）时,需戴口罩;学校进出值守人员、清洁人员及食堂工作人员等服务人员,戴一次性使用医用口罩或医用外科口罩。

4. 医院就诊、探视或陪护人员

防护建议：戴一次性使用医用口罩或医用外科口罩。

5. 养老院、福利院、监狱和精神卫生机构人员

防护建议：此类机构内人员无须戴口罩;外来人员、提供服务的工作人员戴一次性使用医用口罩或医用外科口罩。

（三）重点人员

1. 新冠肺炎疑似病例、确诊病例和无症状感染者;新冠肺炎病例密切接触者;入境人员（从入境开始到隔离结束）

防护建议：戴医用外科口罩或无呼气阀符合 KN95/N95 及以上级别的防护口罩。

2. 居家隔离人员

防护建议：戴一次性使用医用口罩或医用外科口罩，独处时可不戴口罩。

3. 出现发热、咳嗽等症状人员

防护建议：戴医用外科口罩或无呼气阀符合 KN95/N95 及以上级别的防护口罩。

4. 严重心肺疾病患者和婴幼儿

防护建议：严重心肺疾病患者在医生指导下戴口罩。3 岁以下婴幼儿不戴口罩。

（四）职业暴露人员

1. 出入境口岸工作人员

防护建议：戴医用外科口罩或符合 KN95/N95 防护口罩。

2. 为隔离人员提供服务的司机、定点隔离酒店服务人员、保安、清洁人员等

防护建议：戴医用外科口罩或符合 KN95/N95 防护口罩。

3. 普通门诊、急诊、病房等医务人员

防护建议：戴医用外科口罩或以上级别口罩。

4. 指定医疗机构发热门诊的医务人员；在新冠肺炎确诊病例、疑似病例患者的病房、ICU 工作的人员；流行病学调查、实验室检测、环境消毒人员；转运确诊

和疑似病例人员

　　防护建议:戴医用防护口罩。

　　5.从事呼吸道标本采集的操作人员;进行新冠肺炎患者气管切开、气管插管、气管镜检查、吸痰、心肺复苏操作,或肺移植手术、病理解剖的工作人员

　　防护建议:头罩式(或全面型)动力送风过滤式呼吸防护器,或半面型动力送风过滤式呼吸防护器加戴护目镜或全面屏;两种呼吸防护器均需选用 P100 防颗粒物过滤元件,过滤元件不可重复使用,防护器具消毒后使用。

(五)使用注意事项

　　1.注意卫生,口罩佩戴前、脱除后应做好手部卫生。

　　2.需重复使用的口罩,使用后悬挂于清洁、干燥的通风处。

　　3.备用口罩建议存放在原包装袋,如非独立包装可存放在一次性使用食品袋中,并确保其不变形。

　　4.如佩戴口罩感觉胸闷、气短等不适时,应立即前往户外开放场所,摘除口罩。

　　5.废弃口罩归为其他垃圾进行处理,医疗卫生机构、人员密集场所工作人员或其他可疑污染的废弃口罩,需单独存放,并按有害垃圾进行处理。

第三节 欧洲疾病预防控制中心《社区中的口罩使用》

一、公共场所佩戴口罩

在公共场所佩戴口罩可减少感染者排出的呼吸道飞沫,从而减少传染病在社区的传播。

1. 医用口罩

医用口罩(也被称为外科或手术口罩)可遮住嘴巴、鼻子与下巴,在医务人员和患者之间建立一道屏障。医疗卫生工作人员可使用医用口罩防止大粒径呼吸道飞沫和飞溅物进入口鼻。此外,口罩还可以减少和/或控制口罩佩戴者产生的大粒径呼吸道飞沫的传播。

2. 非医用口罩

非医用口罩(或日常用口罩)包括使用布料、其他纺织面料或其他材料（如纸张）制成的各种形式的自制或商品化口罩和防护面罩。这些口罩和防护面罩并非标准化产品，不适合供医疗机构和医疗卫生工作人员使用。

3. 个人防护装备

颗粒物防护口罩或过滤式面罩旨在保护佩戴者免受空气传播污染物影响，属于个人防护装备。过滤式面罩主要供医疗卫生工作人员使用，特别是在产生气溶胶的操作中使用。配备呼吸阀的颗粒物防护口罩不能防止佩戴者产生的呼吸道颗粒被释放到环境中，因此并不适合作为感染控制措施。

二、医疗卫生工作人员口罩的使用

相较于公众，应该优先考虑医疗卫生工作人员使用医用口罩。在便利店、购物中心等人员密集且空间密闭的场所中或乘坐公共交通工具时，应佩戴口罩。然而，口罩只能被视为一种补充措施，不能替代已确立的预防措施（如物理距离、咳嗽和打喷嚏礼仪、手卫生和避免触碰脸部等）。

三、正确使用口罩

正确使用口罩是确保其有效性和安全性的关键。

1. 确保口罩完全遮住从鼻梁到下巴的整个面部

区域。

2. 佩戴口罩之前或摘除口罩之后,应该使用肥皂和清水或速干手消毒剂清洁双手。

3. 摘除口罩时,应从后面摘除,避免触碰到口罩的外侧。

4. 如果是一次性口罩,应以安全的方式处置口罩。

5. 如果口罩可重复使用,应在每次使用后立即用常用清洁剂在60℃下清洗口罩。

6. 向公众宣传口罩正确使用方法的活动有助于提高口罩的有效性和安全性。

第四节　美国疾病预防控制中心《使用口罩控制季节性流感病毒传播的临时指引》

美国疾病预防控制中心出台的"临时指引"旨在就口罩控制季节性流感病毒传播方面的作用的若干问题做出回应。

一、背景

人们普遍认为季节性流感病毒主要通过感染者谈话、咳嗽或打喷嚏时产生的带病毒飞沫实现人际传播。这些飞沫可沉积在靠近飞沫源的易感者的上呼吸道黏膜表面。此外,病毒还可以通过直接和间接接触传染性呼吸道分泌物传播(例如,双手在直接或间接接触传染性呼吸道分泌物后触碰眼睛、鼻子或嘴巴,造成病毒传播)。

为减少流感病毒在医疗机构中的传播,建议采取一系列感染预防控制对策,包括源头控制(确认出现呼吸道症状的患者立即佩戴医用外科口罩),立即将疑似流感患者安置到单人病房,要求医疗卫生工作人员在为疑似流感患者进行治疗时穿戴个人防护装备(PPE)。此外,感染患者在离开隔离病房时应佩戴口罩。

以下建议适用于医疗机构中口罩的合理使用。通常不建议在非医疗机构佩戴口罩。但是,本指引也提供了限制流感病毒社区传播的其他对策。

二、医疗机构

1. 有症状或被感染患者

社区急性呼吸道感染病例不断增加期间,咳嗽的患者或疑似患有流感的任何人员均应始终佩戴口罩,直到被送入单人房间隔离。这些患者应该始终佩戴口罩,除非明确相关症状不是感染引起,无须隔离预防,或患者与该传染病的其他患者在同一间病房内进行隔离。在隔离期间,除在隔离病房外走动时,患者无须佩戴口罩。

2. 医疗卫生工作人员

距离疑似或实验室确诊流感患者约 1.8m 之内时,

医疗卫生工作人员应该佩戴医用外科口罩或经过适合性检验的口罩。抗病毒药物的供应有限且无可用流感疫苗时,例如在全球流感大流行期间,可以选择使用呼吸器。医疗机构应采取标准预防措施和飞沫预防措施,直至确定患者没有传染性,或直至发病7天后,或发热及呼吸道症状消失后24小时(以时间较长者为准)。某些情况下,医疗机构可根据临床诊断延长实施飞沫预防措施的时间,如携带流感病毒时间更长的儿童或免疫系统严重受损的患者。

三、非医疗机构

1. 有症状人员

成年人在症状出现前1天和发病后5～7天内可能携带流感病毒。因此,选择性使用口罩(如近距离接触有症状人员时)可能无法有效限制病毒的社区传播。在幼儿、免疫功能不全人员和危重患者中,流感病毒可在呼吸道存在更长时间。此外,单一的预防措施不能完全防止流感病毒传播,因此需要同时采取多种对策,包括药物(疫苗和抗病毒药物)和非药物预防措施。其中,非药物预防措施包括社区措施(社交距离、关闭学校)、环境措施(日常表面清洁)和个人防护措施(鼓励有症状人员咳嗽或打喷嚏时遮住口鼻,使用纸巾擦拭呼吸道分泌物,并在使用后将纸巾丢弃到最近的垃圾桶中;接触呼吸道分泌物和受污染的物体/材料后清洗双手,如使用非抗菌皂和清水洗手,或在没有肥皂和清水时使用速干手消毒剂清洁双手)。

社区流感活动度升高期间,被医生诊断为流感或发热性呼吸道疾病的人员应留在家中直至体温正常后24小时(未服用退烧药的情况下)且咳嗽症状消退,避免传染其他人员。如果此类有症状人员在疾病急性期不能留在家中,应要求其在公共场所与其他人员密切接触时佩戴口罩。此外,建议有症状的产妇在照顾和喂养婴儿时佩戴口罩。

2. 未接种疫苗的无症状人员,包括流感并发症高危人群

目前尚不建议无症状人员(包括并发症高危人群)在社区佩戴口罩防止流感病毒感染。如果未接种疫苗的高危人群决定在呼吸道疾病活动度升高期间佩戴口罩,在公共场所或与家庭成员相处时需要时刻佩戴。

每年接种流感疫苗是高危人群预防流感病毒感染及相关并发症的主要方法。然而,流感疫苗的有效性是可变的,一些接种过疫苗的人员也会感染流感病毒。使用抗病毒药物进行流感的早期治疗是控制流感的有效辅助措施。住院的流感患者、患有严重流感但不需要住院治疗的人员和因为年龄或健康状况在感染流感后容易出现严重并发症的人员,建议尽早进行抗病毒治疗。

四、《个人防护设备使用》(节选)

(一)佩戴口罩

佩戴 NIOSH 批准的 N95 或更高级别的过滤式呼吸器(如果没有呼吸器,可以佩戴口罩)。如果呼吸器带有鼻夹,应该用双手使其与鼻梁贴合,避免使其弯曲或支起。请勿使用一只手捏鼻夹。呼吸器/口罩应拉伸至下巴下方,以保护嘴巴和鼻子。请勿将呼吸器/口罩戴在下巴下方,或将其存放在口袋中。

呼吸器:将呼吸器头带牢固系在头上(顶部头带)和脖颈下部(底部头带)。佩戴好后进行气密性检查。

口罩:将口罩线绳牢固系在头上(顶部系带)和脖颈下部(底部系带)。如果口罩有环带,将其正确挂在耳朵上。

(二)摘除和弃置呼吸器

摘除和弃置呼吸器(或替代呼吸器的口罩)时,请勿触碰呼吸器或口罩的外侧。重新佩戴或取下呼吸器/口罩后进行手卫生。

呼吸器:小心地将底部头带从头顶上方绕过,取下底部头带。然后抓住顶部头带,小心地将其从头顶上方取下。将呼吸器从面部拿开,避免触碰呼吸器的外侧。

口罩：小心解开线绳（或将其从耳朵上取下），将口罩从面部摘除，避免触碰口罩的外侧。

第五节 新加坡卫生部关于口罩使用的建议

一、口罩的使用

到目前为止，政府提出的关于口罩使用的建议是基于世界卫生组织（WHO）的科学建议和指南。根据该建议，个人只有在生病时需要佩戴医用外科口罩，以保护他人。这也仅适用于新加坡没有出现病毒社区传播的情况。

目前情况正在改变，新加坡的本地传播病例不断增加，社区中可能存在未被发现的病例。此外，还有一些证据表明，有些感染者不出现相关症状，但可能会传染他人。这正是 WHO 对其口罩使用指引进行审查的原因。

考虑到这些环境变化，新加坡卫生部对口罩使用指引进行了更新。建议公众留在家中，避免与生活在同一个家庭的直系亲属之外的任何人接触。对于需要外出且无法避免与他人密切接触的人员，建议佩戴口罩，以提供一定的保护。为此，可以考虑使用可重复使用的口罩来提供一些基本保护，因为目前全球外科口罩短缺，需要将这些口罩留给最需要的人，即当地的医疗卫生工作人员。

新加坡政府于 2020 年 4 月 5—12 日,在指定社区俱乐部 / 活动中心(CCs)和居民委员会(RC)中心的收集点向所有登记家庭住址的居民发放可重复使用口罩。家庭成员可代表其他家庭成员领取。

二、口罩和面屏使用指南

自 2020 年 6 月 2 日起,越来越多的活动和服务在阻断措施解除后恢复,人们在外出时必须佩戴口罩。默认情况下,必须使用口罩严密遮住口鼻。自 6 月 2 日起,防护面屏与口罩将被区别使用,仅允许特定豁免人群或机构使用防护面屏。

新冠肺炎主要通过飞沫传播。防护面罩的设计通常会在面罩和面部之间留下间隙,而口罩可以严密遮住口鼻,不留间隙。在实施阻断措施期间,可以使用防护面罩替代口罩。但随着经济恢复和社会的重新开放,公众之间的活动和密切接触(包括在公共交通工具内)开始增多,公众外出必须佩戴口罩。

在某些情况下,佩戴口罩可能不可行,此时可以佩戴防护面屏。应该正确佩戴防护面屏,以遮住从前额到下巴的整个面部,包裹住面部两侧。以下群体可以佩戴防护面屏:

1.12 岁及以下儿童,他们可能难以长时间持续佩戴口罩。

2. 存在健康问题的人员，长期佩戴口罩可引起呼吸困难或其他医疗问题。

3. 在教室或会议室中对着一群人演讲的人员，大部分时间停留在讲话地点，且能够与其他人保持安全距离。

目前，电视广播人员可以不佩戴口罩或防护面屏。而且，只要此类活动在安全、受控的环境下进行，该规定将继续有效，如在与他人接触时保持安全距离，且在录音或拍摄过程中遵守安全管理规定。

在某些情况下，可以在口罩外部佩戴防护面屏，以提供额外保护。例如，佩戴防护面屏有助于保护眼睛不接触可能携带有病毒颗粒的飞沫，还可以防止口罩受潮。这也有助于防止人们调整口罩或触摸面部。

建议公众尽可能留在家中，避免外出。但是，对于需要外出的人员，应佩戴口罩，并配合采取其他预防措施（如手卫生、保持安全距离等），以减少并防止新冠肺炎的传播。佩戴口罩或防护面屏存在困难的群体，包括有特殊需要的儿童和 2 岁及以上的幼儿，应灵活执行相关规定。特别是，出于安全考虑，不建议 2 岁以下的幼儿佩戴口罩。

随着越来越多的活动和服务逐渐恢复，呼吁大家佩戴好口罩，保持良好的个人卫生，保持安全距离，遵循安全管理规定。

第六节　日本厚生劳动省《无纺布口罩使用说明书》(节选)

一、无纺布口罩使用方法

1. 有咳嗽、打喷嚏等症状的人员使用

有咳嗽、打喷嚏等症状的人员可能会感染周围的人,建议尽可能不外出。不得不外出时,为了防止咳嗽、打喷嚏的飞沫传播,尊重他人生命健康安全,建议积极佩戴本无纺布口罩。

2. 健康人使用

通过佩戴无纺布口罩,可防止桌子、门把手、开关等表面的病毒经口鼻感染人体,某种程度上可减少接触感染。

此外,本无纺布口罩的过滤层某种程度上可阻挡环境中带病毒的飞沫。但是,健康人佩戴本种口罩,不能完全阻挡飞沫。因此,建议不要近距离接触有咳嗽和发热等症状的患者(保持 2 米以上距离),感染扩散时,不要去人多拥挤场所,要勤洗手。

新冠肺炎流行期间,不得不外出接触人群时,建议佩戴无纺布口罩作为防御策略。即使佩戴本口罩,也应及早离开人员拥挤场所。

3. 其他(婴幼儿佩戴无纺布口罩)

无纺布口罩有专供婴幼儿佩戴的型号。儿童,特别是幼儿,因其很难在一定时间段内自觉保持佩戴无纺布口罩的状态,建议在家长监督下使用。

二、无纺布口罩的废弃处理

1.处理方法

(1)无纺布口罩原则上仅限一次性使用。

(2)因过滤层很可能附有病原体,摘取时不要触摸其外表面。

(3)取下口罩后,要用流动水或酒精对手进行消毒。

(4)不建议对无纺布口罩进行清洗或消毒。

(5)严禁与他人共用口罩。

2.佩戴方法

请遵循无纺布口罩的使用说明书。要同时遮住口、鼻、下巴(特别注意要同时遮住口鼻);口罩鼻梁处的金属件要压紧;将橡胶绳紧紧套在耳朵上;调节过滤网至口鼻合适位置。

3.摘取方法

先取下左耳侧的橡胶绳,绕脸外侧方向取下;或先取下右耳侧的橡胶绳,绕脸外侧方向取下(注意两种方法都不要触碰口罩外表面)。

4.废弃方法

使用后放入塑料袋封口后再废弃,或废弃至有盖子的垃圾箱。使用本口罩后,手指有可能沾有病毒,应马上洗手或用酒精对手进行消毒。

5. 家庭储备

建议家庭根据新冠肺炎流行周期储备无纺布口罩,建议储备 8 周左右用量。

例如,发病时需要使用 7～10 个口罩(预计咳嗽周期为 7～10 天),健康状态下外出需要使用 16 个(假定每周 2 次不得不外出,需要储备 8 周用量),则每人共计需要储备 20～25 个口罩。因无纺布口罩大部分为外国进口,为了抵御新冠病毒,建议提前做好储备。

第七节　韩国首尔市政府《口罩使用指引——暂行应急指南》

一、总则

除了遵守新冠肺炎防护指南,还应严格保持个人卫生,保持个人物品(包括手机)清洁,保持安全社交距离,保持室内通风等。

与新冠肺炎疑似患者接触有感染风险,建议具有基础疾病史的高危人群佩戴 KF 口罩。

在没有感染风险或不需要佩戴 KF 口罩的情况下,可以佩戴棉布口罩(配有可更换的静电滤材),这是一个有用的替代方法。

在并不拥挤的户外场所、家中和独立空间内无须佩戴口罩。

应遵守以下新冠肺炎防护指南,以防止感染:

1. 使用肥皂和流动水仔细清洗双手。

2. 咳嗽或打喷嚏时,用衣袖遮住口鼻。

3. 洗手之前请勿触摸眼睛、鼻子或嘴巴。

4. 在医疗机构就诊时应佩戴口罩。

5. 避免前往人群密集的场所。

6. 避免与发热或有呼吸道症状(如咳嗽和/或咽痛)的人员接触。

二、需要佩戴防护口罩的情况

1. 需要佩戴 KF94 或更高级别口罩的情况

照顾新冠肺炎疑似病例时。

2. 需要佩戴 KF80 或更高级别口罩的情况

(1)在医疗机构就诊时。

(2)出现呼吸道症状(包括咳嗽、打喷嚏、咳痰、流鼻涕和咽痛等)。

(3)在需要与多人接触、感染风险很高的场所工作,如公交车司机、收银员、车站值班员、邮递员、送货员等,以及与客户面对面交流的人。

(4)健康状况不佳或有基础疾病史的人员,需要在不通风的场所、与他人在 2m 距离内接触的人员(如聚会、乘坐公共交通工具等)。健康脆弱人群包括老年人、儿童、孕妇、慢性疾病患者等。有潜在健康问题的人群包括慢性肺病、糖尿病、慢性肾脏疾病、慢性肝脏疾病、慢性心血管疾病或血癌患者,以及正在接受抗癌治疗的癌症患者和服用免疫抑制剂的患者等。

三、口罩佩戴注意事项

1. 佩戴口罩时的注意事项

(1)佩戴口罩之前,使用肥皂和流动水,或速干手消毒剂清洁双手。

(2)佩戴口罩,完全遮住口鼻,并确保口罩与面部严密贴合。

(3)请勿在口罩中添加织物或纸巾,这会降低口罩的附着性,影响口罩的功能。

(4)佩戴期间应避免触碰口罩。如果不小心碰到口罩,使用肥皂和流动水,或速干手消毒剂清洁双手。

2. 使用 KF 口罩的注意事项

(1)只有在污染风险较低的场所,个人可以暂时重复使用自己的口罩。

(2)将用过的口罩挂在清洁、通风的地方充分晾干后再重复使用。

(3)请勿使用吹风机吹干口罩,或使用微波炉或酒精对口罩进行消毒,也不要清洗口罩,这些都会损害静电滤材的功能。

3. 如果使用配备可更换静电滤材的棉布口罩,应考虑以下事项:

(1)静电滤材比较脆弱,在插入静电滤材时应小心谨慎,以免撕裂滤材。

（2）应使用与口罩尺寸相符的静电滤材,避免出现缝隙。

（3）如果棉布口罩变潮湿,应更换新的静电滤材。请勿对用过的静电滤材进行清洗,这会影响其功能。

第八节 外国口罩标准比较

一、欧盟和美国的口罩标准

欧盟和美国的口罩标准将口罩分为职业防护口罩和医用防护口罩。

1. 美国职业防护口罩标准

NIOSH标准见表4-1。

表4-1 NIOSH标准的口罩分级和要求

滤芯	NaCl 粒子测试	油性颗粒测试
N95	95%	
N99	99%	不适用
N100	99.97%	
P95		95%
P99	不适用	99%
P100		99.97%

注:本标准的测试流量为85L/min。呼吸阻力的指标要求是吸入阻力不应超过350Pa,呼气阻力不应超过250Pa。

2. 欧盟职业防护口罩标准:EN149:2001+A1: 2009 标准

将职业防护口罩分为三个级别(表4-2):FFP1、FFP2 和 FFP3,对应的过滤效率分别为 80%、94% 和 99%。

表 4-2　EN 149 标准的口罩分级和要求

级别	NaCl 粒子测试		油性颗粒测试	
	透过率	过滤效率	透过率	过滤效率
FFP1	20%	≥ 80%	20%	≥ 80%
FFP2	6%	≥ 94%	6%	≥ 94%
FFP3	1%	≥ 99%	1%	≥ 99%

注:此标准的测试流速为 95L/min。

3. 美国医用口罩标准

ASTM F2100-19 标准见表 4-3。

表 4-3　ASTM F2100-19 标准的口罩分级和要求

性能指标	保护级别 1	保护级别 2	保护级别 3
过滤效率 /%	≥ 95	≥ 98	≥ 98
压差 /(mmH$_2$O·cm^{-2})	< 5.0	< 6.0	< 6.0
0.1μm 颗粒的过滤效率 /%	≥ 95	≥ 98	≥ 98
合成血液渗透最小压力 /mmHg	80	120	160
阻燃性	一类	一类	一类

4. 欧盟医用口罩标准:EN14683:2019标准见表4-4。

表4-4　EN14683:2019 标准的口罩分级和要求

性能指标	Ⅰ型	Ⅱ型	ⅡR型
过滤效率 /%	≥ 95	≥ 98	≥ 98
压差 /(Pa·cm^{-2})	< 40	< 40	< 40
飞溅电阻 /kPa	无要求	无要求	≥ 16
微生物清洁度 /(CFU·g^{-1})	≤ 30	≤ 30	≤ 30

注:Ⅰ型医用口罩只适用于患者等,以降低传染病传播的风险,特别是在传染病暴发期间。Ⅰ型医用口罩不适合医务人员在手术室或其他类似医疗环境中使用。此外,由于欧洲的标准不区分油性颗粒和非油性颗粒,符合欧洲标准的口罩可能同时过滤油性颗粒和非油性颗粒,不同型号口罩可能具有同样的保护级别。FFP2 的过滤效率与美国的 N95 和中国的 KN95 大致相同。

二、日本和韩国的口罩标准

1. 日本 DS2 标准

日本口罩标准"DS2"是日本劳动省发布的国家级标准,相当于中国标准"KN95"和美国标准"N95"。包装上印有"ウィルスカット 99%"(病毒阻断率 99%),即滤芯的过滤效率超过国内标准的要求(99%)。

2. 韩国 KF 系列标准

韩国主要的口罩标准由食品药品监督管理局发布。KF 系列可分为 KF 80、KF 94 和 KF 99(表4-5)。

表 4-5 韩国口罩标准 KF 系列的主要技术指标要求

系列	KF 80	KF 94	KF 99
过滤效率 /%	≥ 80	≥ 94	≥ 99
泄漏率 /%	≤ 25	≤ 11	≤ 5
电阻 /Pa	60	70	100

如何看懂口罩编码

简单来说，N 系列口罩采纳的是美国标准，KN 系列口罩采纳的是中国标准，FFP 系列口罩采纳的是欧盟标准。字母后面的数字指的是口罩的过滤效率，数值越大，口罩的保护级别就越高。例如，KN95 是指能够过滤掉 95% 以上的非油性颗粒，其保护效果大致相当于欧洲标准的 FFP2 口罩。如果通过公式来表示就是：FFP3>FFP2=N95=KN95>KN90。虽然过滤效率高的口罩可以给我们更好的保护，但是佩戴这样的口罩时，呼吸阻力也会增加。所以，一定要根据自己的身体情况和实际需要选择适合的口罩。

参考文献

[1] 国家卫生健康委员会 . 公众科学戴口罩指引 [EB/OL]. [2020-03-18]. http://www.gov.cn/xinwen/ 2020-

03/18/content_5492709.htm.

[2] 国家卫生健康委员会 . 公众科学戴口罩指引(修订
版)[EB/OL]. [2020-05-26]. http://www.gov.cn/xinwen/
2020-05/26/content_5515086.htm.

08检